“十三五”国家重点出版物出版规划项目

海 洋 生 态 文 明 建 设 丛 书

山东省近岸海域生态状况及变化趋势

马元庆　张　娟　苏　博　孙晨曦　宋秀凯 等　编著

海洋出版社

2021 年 · 北京

图书在版编目（CIP）数据

山东省近岸海域生态状况及变化趋势/马元庆等编著．—北京：海洋出版社，2020.3
ISBN 978-7-5210-0515-8

Ⅰ.①山…　Ⅱ.①马…　Ⅲ.①近海-海洋环境-生态环境-研究-山东　Ⅳ.①X321.252

中国版本图书馆 CIP 数据核字（2019）第 292858 号

责任编辑：杨传霞　赵　娟
责任印制：赵麟苏
海洋出版社　出版发行
http://www.oceanpress.com.cn
北京市海淀区大慧寺路 8 号　邮编：100081
北京朝阳印刷厂有限责任公司印刷　　新华书店北京发行所经销
2020 年 3 月第 1 版　2021 年 1 月第 1 次印刷
开本：787 mm×1092 mm　1/16　印张：8.5
字数：240 千字　定价：68.00 元
发行部：62147016　邮购部：68038093
海洋版图书印、装错误可随时退换

《山东省近岸海域生态状况及变化趋势》编著者名单

马元庆　张　娟　苏　博　孙晨曦　宋秀凯
于广磊　王月霞　王立明　王佳莹　由丽萍
付　萍　邢红艳　刘爱英　齐延民　孙　珊
李佳蕙　何健龙　何　鑫　谷伟丽　张昀昌
赵玉庭　姜会超　秦华伟　高继庆　陶慧敏
董晓晓　程　玲　靳　洋

前 言

山东省位于中国东部沿海，毗邻渤海与黄海，东与朝鲜半岛、日本列岛隔海相望，南接长江三角洲地区，西连黄河中下游，北临京津冀都市圈。山东省一直是我国的海洋大省，毗邻海域面积 15.9×10^{4} km^{2}，海岸线长 3 345 km，占全国的 1/6，拥有与陆域面积相当的海洋国土资源，是我国沿海经济大省，海洋资源丰富，区位优势明显，战略地位突出。山东省沿岸分布着 200 多个海湾，形成众多的优良渔港，并有著名的莱州湾、烟威、石岛、青海、海州湾和连青石等渔场。这些渔场地处暖温带，日照充足，水质肥沃，适合鱼类和水生生物的生长繁殖，具有经济价值的各类水生生物资源达 400 多种，海参、鲍鱼、对虾、扇贝等海珍品驰名中外。

党的十八大以来，习近平总书记高度重视我国海洋事业的发展，提出"海洋是高质量发展战略要地，要加快建设世界一流的海洋港口、完善的现代海洋产业体系、绿色可持续的海洋生态环境，为海洋强国建设做出贡献"，"要进一步关心海洋、认识海洋、经略海洋"，"海洋事业关系民族生存发展状态，关系国家兴衰安危"，"要坚持陆海统筹，加快建设海洋强国"，这一系列重要论述，为海洋强国建设指引了方向，标注了山东海洋强省建设的目标定位。山东历届省委、省政府也一直都在探索并提出适合当时省情的海洋发展战略：20 世纪 90 年代初，山东启动"海上山东"建设工程；21 世纪，山东半岛蓝色经济区、黄河三角洲高效生态经济区、青岛西海岸新区等陆续成为国家战略；向海洋强省进军，山东成立了由省委书记任组长的省海洋发展战略规划领导小组，印发实施了《山东海洋强省建设行动方案》，推动山东省新旧动能转换重大工程，着力加大生态保护和建设力度。

然而，山东近岸海域海洋生态环境十分脆弱，是海洋生态敏感区和脆弱区，同时具有多种多样的生物物种。随着近岸海域各市县经济的发展，沿岸海域的海洋生态环境所面临的压力越来越大。

本书主要统计了 2010—2017 年的山东省海洋生态环境监测数据，详细剖析了山东省近岸海域、重点河口海湾水质时空分布特征，以及全省主要入海污染物排放时空分布特征，系统分析了全省海洋生态环境所面临的压力状况，筛选重要污染因子以及污染严重的海域，提出主要生态问题；对山东省海洋环境进行风险源识别、风险因子筛选等研究工作，并对主要风险源进行分析评价，给出管理建议；全面解析了山东省近岸海域污染防治问题，提出加强海洋环境保护的对策与建议等。

分析结果显示，2010年以来，山东省海水环境质量状况基本稳定：符合一类海水水质标准的海域面积占全省海域面积的87%以上，劣于四类水质的海域主要集中在莱州湾、渤海湾南部、丁字湾等水体交换能力较差的区域，主要超标要素为无机氮；沉积环境总体较为稳定，沉积物质量较好；浮游生物和底栖动物等主要优势种类群基本稳定，多样性指数未发生明显变化。莱州湾、黄河口、小清河、胶州湾等重点海域生态系统总体健康状况均为亚健康，无机氮为主要超标要素，氮磷比失衡现象较为突出。全省入海河流中，黄河和小清河是山东省陆源污染物排海的主要入海径流，黄河污染物年入海量在 10×10^4 t以上，年际变化整体呈下降趋势；小清河自2013年污染物入海量大幅降低，总体呈现下降趋势。全省海域各类海洋灾害多发，赤潮种类增加、绿潮暴发成为常态化，近岸局部海域海水入侵与盐渍化程度较重，削弱了海岸生态系统的综合服务功能，致使海洋资源环境承载能力面临巨大挑战。

本书中所引用分析的基础数据来自2010—2017年山东省海洋生态环境监测与评价项目，作为基础数据资料可应用于海洋生态环境保护、海洋生态修复、海洋规划编制等领域，社会生态效益显著。本书具体分工如下：前言由马元庆、张娟、由丽萍编写；第1章山东省近岸海域简介，由苏博、王佳莹编写；第2章山东省近岸海域环境现状，2.1至2.2节由张娟、谷伟丽编写，2.3节由孙珊、董晓晓、付萍编写，2.4节由赵玉庭、由丽萍、王立明、齐延民、张昀昌、李佳蕙、何鑫编写；第3章山东省近岸海域主要风险源解析，3.1节由靳洋、张娟编写，3.2节由刘爱英、姜会超、何健龙编写，3.3节由张娟、高继庆、陶慧敏编写，3.4节由于广磊、刘爱英、王月霞编写，3.5节由宋秀凯、程玲、付萍编写；第4章山东省近岸海域环境问题及措施建议，4.1节由邢红艳、秦华伟编写，4.2节由马元庆编写，4.3节由孙晨曦编写。马元庆负责全书的总体策划，张娟、宋秀凯负责全书统稿。

虽然作者在本书的编写过程中力求叙述准确、完善，但由于水平有限，书中欠妥之处在所难免，希望读者和同仁能够及时指出，共同促进本书质量的提高。

作　者

2019年8月

目 次

第 1 章 山东省近岸海域简介 …… (1)
1.1 近岸海域自然地理条件 …… (1)
1.1.1 气候特征 …… (1)
1.1.2 水文特征 …… (2)
1.1.3 海洋动力特征 …… (4)
1.1.4 近岸海域海湾状况 …… (5)
1.2 近岸海域社会经济条件 …… (7)
1.2.1 全省经济发展水平 …… (7)
1.2.2 全省海洋经济 …… (8)
第 2 章 山东省近岸海域环境现状 …… (10)
2.1 数据来源与评价方法 …… (10)
2.1.1 监测站位 …… (10)
2.1.2 监测项目 …… (10)
2.1.3 监测频次 …… (13)
2.1.4 评价方法 …… (13)
2.2 近岸海域环境质量现状 …… (16)
2.3 近岸海域环境质量变化趋势和空间分布特点 …… (17)
2.3.1 近岸海域环境质量变化趋势 …… (17)
2.3.2 近岸海域环境质量空间分布特点 …… (27)
2.4 重点海域环境质量解析 …… (34)
2.4.1 莱州湾 …… (34)
2.4.2 黄河口 …… (45)
2.4.3 渤海湾南部 …… (52)
2.4.4 丁字湾 …… (58)
2.4.5 小清河口 …… (62)
2.4.6 胶州湾 …… (72)
第 3 章 山东省近岸海域主要风险源解析 …… (79)
3.1 入海河流 …… (79)
3.2 港口、码头 …… (90)
3.2.1 港口开发概况 …… (90)

3.2.2　油气开发概况 ………………………………………………………………… (91)
3.2.3　溢油风险识别 ………………………………………………………………… (91)
3.3　海洋工程 ……………………………………………………………………… (96)
3.4　海水养殖 ……………………………………………………………………… (97)
3.4.1　主要养殖区块概况 …………………………………………………………… (98)
3.4.2　存在的问题 …………………………………………………………………… (99)
3.4.3　对策与建议 …………………………………………………………………… (100)
3.5　其他 ………………………………………………………………………… (101)
3.5.1　赤潮 ………………………………………………………………………… (101)
3.5.2　绿潮 ………………………………………………………………………… (103)
3.5.3　海水入侵和土壤盐渍化 ……………………………………………………… (104)
3.5.4　海冰 ………………………………………………………………………… (105)
第4章　山东省近岸海域环境问题及措施建议 ………………………………… (106)
4.1　近岸海域主要环境问题 ………………………………………………………… (106)
4.1.1　陆源入海污染源监测断面超标严重,陆源排污压力巨大 ………………… (106)
4.1.2　海岸带开发压力大,海洋资源环境承载力处于高压临界状态 …………… (106)
4.1.3　全省海域海上溢油风险大 …………………………………………………… (107)
4.2　山东省近岸海域海洋环境治理目标 …………………………………………… (107)
4.3　加强海洋环境保护的对策与建议 ……………………………………………… (108)
4.3.1　海洋污染防治措施 …………………………………………………………… (108)
4.3.2　海洋生态保护措施 …………………………………………………………… (114)
4.3.3　海洋保护制度建设 …………………………………………………………… (118)
4.3.4　管控机制建设 ………………………………………………………………… (119)
4.3.5　公众参与 …………………………………………………………………… (120)
参考文献 ………………………………………………………………………… (121)

第1章　山东省近岸海域简介

1.1　近岸海域自然地理条件

1.1.1　气候特征

山东半岛三面环海，濒临黄海和渤海，地处中纬度地带，是典型的暖温带季风气候区。一年四季分明，气候资源丰富，半岛东南部岸带与西北部岸带气候差异较为显著，具有明显的海洋性和大陆性过渡气候特征。

1.1.1.1　气温

山东半岛年平均气温为11~14℃。近海气温地理分布的特点总体表现为四季分明，北冷南暖，等温线分布呈纬向走向，偏北部海域由于海、陆温差存在等温线弯曲现象。造成这种等温线分布的原因主要是由太阳辐射和各季不同的气团控制所致。气温年较差由北往南逐渐递减，渤海气温年较差最大，为27~28℃，黄海北部为26℃左右，黄海南部为21~24℃。

1.1.1.2　气压

山东近海海域气压呈现年周期特征，冬季气压高，夏季气压低，最高值出现在1月，最低值出现在7月，气压年变化振幅随纬度的增加而增大，年变化振幅可达23~24 hPa。

1.1.1.3　风

山东近岸海域冬季（11月至翌年3月），渤海、黄海区多偏北大风，平均风速为6~7 m/s，伴随强偏北大风，常有冷空气或寒潮南下，风力可达24.5 m/s以上；夏季（6—8月），盛行偏南风，平均风速约为5 m/s，如遇有出海气旋或台风北上时，风力可增至28.4 m/s以上。

1.1.1.4　云

云与降水、温度、能见度、日照等关系密切，能影响这些要素的变化，进而影响海面吸收的太阳辐射量。山东半岛近海海域总云量分布特点为冬季渤海、黄海自岸边向远岸云量变化较大；云状分布特点为冬季渤海、黄海主要以锋面云系为主，夏季因雾日增多，层云出现频率增高。

1.1.1.5　降水

山东省年降水量为550~950 mm。冬季，渤海降水频率为5%左右。黄海降水频率为5%~20%，高值区出现在黄海山东海域南部，降水频率高达20%左右。春季，降水频率比冬季的稍有减少，渤海、黄海北部及中部，降水频率为5%左右，黄海南部稍高，为10%左右。夏季，降水频率普遍有所升高，渤海、黄海都在10%左右。秋季，降水频率比夏季的稍有减少，降为5%左右。

1.1.1.6 海雾

黄海、渤海海雾始于3月中旬，终于8月，7月频率最高，雾期为5个月。黄海是中国近海海雾最严重的海区，基本上满海都是雾区。渤海雾区分布比较零散，主要集中在渤海海峡附近，年雾日20~40天。

1.1.1.7 能见度

海上能见度与海雾关系密切，以海区而言，渤海沿岸因为海雾最少，所以能见度最好，一级能见度的年天数为5~15天，二级能见度的天数一年为6天以下。而黄海沿岸作为海雾最多的地段，能见度最差。

1.1.2 水文特征

1.1.2.1 水温

山东沿海水温常年变化范围为0~29℃，除黄河口附近和莱州湾沿岸外，多无冰冻期。

山东近海的温度分布，可分为冬季型、夏季型和过渡型3种。冬季型一般出现在10月至翌年4月，表层水温高于气温，近岸水温低，远岸水温高，等温线密集，水平梯度大，等温线分布大体与海岸线平行，温度垂直分布呈现上下均一状态。夏季型出现在5—8月，近岸水温高于远岸，等温线分布规律不明显，水平梯度小，垂直分布出现较强的层化现象。过渡型发生在4—5月和9—10月，春季为增温期，秋季为降温期，温度状况复杂多变，规律性较差。

从不同季节来看，山东近海温度的平面分布特征如下。

冬季，表层、底层水温分布形式基本相同，且达到全年最低值。其中，黄海区东北部海域低，西南部海域高；渤海区多年平均值为0~3℃，最低温度出现在莱州湾，可出现不同程度的结冰现象。全省近海冬季温度最低为6.3℃，最高为11.5℃，平均温度为9.4℃，等温线与海岸线垂直。

春季，随着上层海水的逐步升温，温度的分布形势开始向夏季型转变，是典型的冬季型温度分布向夏季型温度分布的过渡时期。近岸升温比远岸快，形成沿岸水温高、远岸水温低的格局。表层、底层的温度分布趋势仍较为一致。山东近岸海域春季温度分布较为均匀，为8.8~11.8℃，平均温度为9.5℃，略高于冬季。等温线由冬季的垂直于海岸线向平行于海岸线过渡，且近岸温度高于远岸水域。

夏季，表层海水温度达到全年最高值，层化现象最为明显，各层水温分布极不一致，表层水温大于底层水温，呈现出由近岸向远岸降低的趋势。

秋季，受陆地的影响较大，水温降低较快，远岸区降温较慢。该季节是海域温度由夏季型分布向冬季型分布的过渡期，也是海水表层温度下降最快的季节。温度的等值线基本平行于海岸线，呈现近岸低、远岸高，东北部海域低、西南部海域高的分布趋势。秋季层化现象基本消失，表底层温度分布趋势大体相同，底层冷水团消失，黄海西南部温度高于东北部，与冬季分布趋势类似。

此外，山东近海温度垂直分布特征表现为：冬季，整个海区为无跃层期。夏季跃层的范围最广，强度最强，深度最浅，一般厚度较厚。春、秋季为过渡期，春季跃层的分布范围逐渐扩展，强度由弱逐渐增强，深度逐渐变浅，秋季则相反。夏季南黄海主要强温跃层位于底层冷水团的边界区域，秋季则逐渐移向中央区。

1.1.2.2　水团

山东近海主要存在 6 个水团，即黄海水、黄海冷水团、渤海沿岸水、苏北沿岸水、黄海暖流水和成山角冷水。其中，前 3 个分布范围较广，存在时间较长，是山东近海的主要水团，下面介绍这 3 个水团。成山角冷水分布范围小，存在时间也短。

1）黄海水

该水团是由进入黄海的外海水和沿岸水混合后所形成的，主要分布在黄海海域和渤海中央区域。黄海水在山东近海常年存在，在上层，其占据着大部分海域，分布范围为夏、秋季节最大，春季次之，冬季略小。在深层，由于黄海冷水团的存在，其分布与上层不同，表现为冬季范围最大，几乎遍及全海域，在西部与苏北沿岸水和渤海南沿岸水相邻，东南隅与黄海暖流水相接。夏季，黄海水覆盖在黄海冷水团之上，面积比冬季小。

黄海水的温度，表层为 13.47～19.63℃，底层水温范围为 10.16～16.06℃，表层、底层的温度差异较大。其盐度相应变化范围为 31.40～32.67 和 31.68～32.66，高于长江冲淡水和苏北沿岸水，较黄海暖流水低。水团内部温度、盐度分布的主要特点是水平梯度大，呈现出南部高、北部低的分布趋势。

2）黄海冷水团

该水团位于黄海水之下，潜居于黄海的深层、底层，是山东近海的主要水团之一。黄海冷水团系季节性水团，仅存在于 4—11 月。演变过程可分为 3 个阶段：4—6 月为形成期；7—8 月为强盛期；9—11 月为消衰期。

黄海冷水团盐差小，是以低温为主要特征的水团。其黄海山东海域南部部分的冷水团，温度、盐度值都明显高于黄海山东海域北部。黄海山东海域南部冷水团底层的温度、盐度范围分别为 7.17～12.01℃和 31.94～33.35。黄海山东海域北部冷水团底层的温度、盐度范围分别为 4.25～6.2℃和 32.19～32.4。水团内的等温线都呈封闭状分布，构成明显的独立系统。

3）渤海沿岸水

由黄河及渤海南部诸入海河流的径流与海水混合而成。它分布于渤海湾、莱州湾和山东半岛北部沿岸，其外侧主要与黄海水相邻。

渤海沿岸水以低盐为主要特征，平均盐度为 29.51～30.07，是山东近海诸水团中盐度最低的，且具有明显的夏季、秋季低，冬季、春季高的变化特征。其平均温度在 0.76～25.58℃范围内，年变幅是本海域诸水团中最大的。

1.1.3 海洋动力特征

1.1.3.1 海流

中国近海及邻域的海流，受以下因子所支配或控制：①盛行的海上风场，冬季盛行偏北风，夏季多偏南风；②沿岸地区，大量江河淡水流入，形成沿岸流；③来自大洋的黑潮；④潮流的非线性效应；⑤海区的轮廓、形状、地形等对环流的影响也十分重要。由于上述因子的综合作用结果，使中国近海及邻域的海流十分复杂。渤海、黄海和东海通常作为一个整体来进行讨论，山东半岛位于渤海、黄海海域，属于这个整体的一部分。

1）环流

渤海是一个潮汐、潮流显著的海区，又是一个半封闭型的内海，所以渤海的环流很独特，受风的影响较大，由外海（暖流）流系和沿岸流系组成。黄海暖流余脉通过渤海海峡北部进入渤海，在渤海继续西进过程中，遇西岸受阻而分为南、北两支。北支沿渤海西岸北上进入辽东湾，与那里的沿岸流相接，顺辽东东岸南下，构成辽东湾顺时针环流。南支沿渤海先折向南进入渤海湾，在渤海南部与沿岸流构成左旋环流，最后在渤海海峡南部流出渤海。

黄海的环流其独特之处在于，冬、夏半年的明显差异：冬半年，黄海环流系由来自外海的黄海暖流及其余脉与东、西两侧的沿岸流组成，暖流北上，沿岸流南下；夏半年，主要存在因黄海冷水团密度环流出现而产生的近似闭合的循环。

总之，渤海、黄海的环流由两大流系组成：①外来的海流系统——黑潮及其分支或延伸体，也叫外海流系，具有高温、高盐特性；②当地形成的海流——沿岸流和风生海流，统称沿岸海系，具有低盐特性。总体上，外海流系北上，沿岸流系南下，大体上构成一个以气旋式为主的环流。渤海和黄海环流的封闭性较强。

2）沿岸流系

渤海沿岸流由辽东湾沿岸流、渤海湾沿岸流和莱州湾沿岸流组成。这里主要介绍与山东半岛最为相关的莱州湾沿岸流。夏季，该湾余流基本上呈顺时针环流。在莱州湾湾底西侧，余流为北向流，流速为7~10 cm/s。黄河口附近，流向转为东向，流速为 20 cm/s 左右。黄河口以北，流速增大，流速最大达30 cm/s，方向为北向或东北向。

黄海沿岸流由黄海北岸沿岸流、黄海西岸沿岸流和黄海东岸沿岸流组成。这里主要介绍与山东半岛最为相关的黄海西岸沿岸流。该沿岸流源于渤海南部的低盐水，是渤海南部沿岸流的延续体。该沿岸流在成山头以西的山东半岛北岸段，流幅较宽，距岸约 30 海里；流速最大达 20 cm/s。在成山头附近，地形陡峻，又受黄海暖流的挤压，流幅变窄；流速急增，流速最大可达 30 cm/s。过成山头后，进入开阔区，流速减弱，如海州湾一带，流速在 10 cm/s 左右。海州湾以南，因受苏北海岸的走向以及水下辐射状沙脊群等影响，流速又开始增大，最大值超过 30 cm/s。

1.1.3.2 海浪

海浪是指发生在海洋表面的波动现象，是风浪、涌浪和近岸浪的总称。风浪是指在风的直接作用下产生的海面波动。当风浪离开风的作用区域后，在风力较小或无风海域传播的波浪叫涌浪。近岸浪是由外海的风浪或涌浪传播到岸边浅水海域，受地形、水深等影响而改变波动性质的海浪。

冬季，渤海和黄海盛行北向浪和西北向浪。在渤海，最多浪向为北向，频率为 21%（北部）和 15%（南部）；次多浪向为东北向（北部）和西南向（南部），频率分别为 16%和 15%。黄海北部和中部西侧，最多风浪仍为北向，频率为 28%~37%；次多浪向为西北向，频率为 20%~24%；但北黄海东侧，次多浪向为西向，频率为 24%。黄海中部东侧和黄海南部，最多浪向为西北向和北向，频率为 22%~35%；次多浪向为西北向和北向，频率为 15%~18%。只有黄海中部东侧，次多浪向为西南向，频率为 15%。

春季，温带气旋活动比较频繁，风向不稳定，渤海和黄海的浪向分布较零乱，偏南向浪迅速增加，且频率大于偏北向浪频率，南向浪频率在 20%以上。渤海最多浪向为南向，频率为 20%（南部）和 26%（北部）；次多浪向为西南向（北部）和西向（南部），频率分别为 20%和 14%。除黄海北部东侧，以西南向浪居多外，其余黄海最多浪向皆为南向，频率为 21%~24%。次多浪向比较分散，黄海北部为东南向和南向，频率分别为 18%和 23%；黄海中部的为西南向和西北向，频率分别为 14%和 15%；黄海南部的为东南向，频率为 17%~23%。

夏季，渤海北部最多浪向为南向，南部最多浪向为东南向，频率分别为 16%和 18%；渤海次多浪向为北向（北部）和东北向（南部），频率分别为 16%和 17%。黄海受来自太平洋东南季风的影响明显，以南向浪和东南向浪为主，南向浪和东南向浪频率为 20%~30%，偏南向浪的总频率在 50%左右。

秋季，渤海最多浪向为西向，频率为 21%；次多浪向为北向（北部）和西南向（南部），频率分别为 19%和 17%。黄海的最多浪向转为偏北向，北向频率为 23%~46%；次多浪向为西北向、西向和东北向，频率分别为 16%~18%、11%和 15%。

1.1.3.3　*潮汐*

山东省沿海的潮汐主要为正规半日潮和不正规半日潮两种。除渤海湾南部的漳卫新河至莱州湾东岸的龙口和威海至成山头至荣成南部一带沿岸为不正规半日潮外，其他沿岸均为正规半日潮。荣成石岛向北绕过成山角到渤海海峡，潮时受到成山角外半日潮旋转潮波的制约，成山角附近潮时变化快，烟台和渤海海峡变化小，几乎同时达到高潮，半岛北部其他大部分区域潮时以半日潮无潮点为中心旋转潮波控制，山东半岛南岸的平均潮差自北向南逐渐增大，北岸潮差变化比较复杂，莱州湾顶潮差比湾口大，渤海湾南岸向湾顶方向平均潮差逐渐增大。最大可能潮差的分布与平均潮差类似，乳山口为 4. 78 m，青岛为 5. 25 m，石臼所为 5. 86 m，成山角为 1. 69 m，龙口为 2. 08 m，黄河海港为 1. 56 m。山东近海以 3 个半日潮无潮点为中心，形成 3 个小的潮差区，其中黄河海港外海及渤海中部潮差最小，最大可能的潮差不到 1 m。

1.1.4　近岸海域海湾状况

20 世纪 80 年代，据山东省海岸带和海涂资源综合调查结果，山东省面积超过 1 km^2的海湾有51 个（表 1-1）。据调查，发现埕口潟湖已经完全被盐田、养殖池围填而消失，绣针河口潟湖面积已不足 1 km^2。目前，山东省面积在 1 km^2以上的海湾为 49 个。

山东省面积最大的海湾为莱州湾，面积达 6 215.4 km^2，最小的海湾为龙眼湾，面积为 1 km^2。海湾密度为 1.46 个/100 km，是我国海湾密度最大的省份之一。山东省海湾岸线总长度为 1 999.6 km，占全省海岸线长度的 59.8%。从地域分布来看，属山东境内的渤海海湾仅有 4 个，但包括了第一大海湾莱州湾；属山东境内的黄海北部海湾有 8 个，属山东境内的黄海南部海湾有 37 个。

表 1-1　山东沿海海湾行政分布

地市	海湾数（个）	最大海湾及其面积（km^2）	最小海湾及其面积（km^2）	海湾总面积（km^2）
东营市	1	莱州湾，6 215.4		6 215.4
潍坊市	1			
烟台市	8	套子湾，182.9	刁龙嘴，6.10	425.5
威海市	22	靖海湾，155.8	险岛湾，0.9	645.87
青岛市	16	胶州湾，509.1	大港口潟湖，1	922.4
日照市	3	涛雒潟湖，5.7	绣针河口潟湖，0.3	14.9

山东省面积在 1 km^2以上海湾的总面积为 8 139.07 km^2，比 20 世纪 80 年代的 8 729.24 km^2减少了 590.17 km^2。海湾岸线长度增加，主要原因是海湾内人工岸线的增多。

莱州湾地处山东半岛北侧、渤海南部，海域面积达到 6 966 km^2，是山东省最大的海湾，也是渤海三大海湾之一。莱州湾处于四季分明的暖温带季风气候地区，夏季是主要的降雨季节，光照光热资源丰富，水温随季节变化显著，是优良的水生资源发展地。莱州湾的潮汐属于不正规半日潮，海湾水深极浅，属于超浅型海湾，莱州湾由于海湾的半封闭性导致湾内水体交换能力差，易受到污染。沿岸有黄河、小清河和支脉河等十几条河流夹带大量营养盐和泥沙进入莱州湾，同时也带来了丰富的饵料，使得莱州湾成为渔业生物种良好的索饵、产卵和栖息场所。

胶州湾位于山东半岛的南岸、黄海之滨，以团岛头（36°02′36″N、120°16′49″E）与薛家岛脚子石（36°00′53″N、120°17′30″E）为湾口与黄海相通，口门宽度为 3.1 km，海湾南北长 33.3 km，东西宽 27.8 km，海湾平均水深约 7.0 m。5 m 以内浅水深的面积为 198 km^2。海湾的平均潮差为 2.80 m，最大潮差为 4.75 m。海湾的平均波高为 0.2 m。根据上述数据可知，胶州湾的水域率为 64%；海湾的开敞度为 0.017；动力参数为 14.0。根据吴桑云等（2000）海湾分类原则，胶州湾从水域率角度讲则属于半封闭型海湾，从动力分类型讲则为强潮海湾，从综合分类角度讲胶州湾则为半封闭型强潮海湾。

荣成湾位于 37°19′—37°27′N、122°30′—122°42′E 的暖温带，山东半岛北部，地处荣成市成山角南部，龙须岛以南至马山头以北。荣成湾位于中纬地带的黄海山东省海域，为一半椭圆形海湾，四季分明的季风型湿润气候，具有温带海的性质，季风型湿润气候，平均降水量为 768 mm，其中主要降雨集中于夏季，年均风速为 6.7 m/s，是山东省众多海湾中风速最大的海湾之一。荣成湾当地的风浪方向和海岸走向控制了泥沙运动的方式，常浪向和强浪向为东北向，次常浪向为北向和南向，次强浪向为东南偏东向和东南偏南向。荣成湾为潮汐类型半日潮为主的混合潮的弱潮海湾，平均潮差为 0.92~1.08 m，沿岸入海河流流域面积及径流量、输沙量均很小。营养盐是浮游植物生长的物质基础，直接影响海洋生态系统的初级生产过程，同时，对海湾渔业资源的影响也较为明显。房燕等（2012）研究表明，荣成湾夏季处于贫营养水平，秋季处于磷限制的中度营养水平，而春季和冬季则处于磷中等的潜在性富营养化水平。荣成湾沿岸地势东高西低，北高南低，以剥蚀作用强烈的低山丘陵地貌为主。荣成湾海湾面积较大，海域为开阔的岬湾，海湾口面向东南，湾内的水质交换条件好，水深平均为 8 m，十分适宜浅海养殖业的发展，因而成为我国最大的海带养殖基地。荣成湾现有 2×10^4 hm^2 的海水增养殖区域，拥有各类养殖品种 30 多个，形成了鱼虾贝藻多品种综合性的养殖模式，水面、海底、滩涂、工厂化立体充分利用的养殖格局。荣成湾有较高的生物资源，其中，石花菜、海带、边紫菜等为主要的经济种类，刺参、毛蚶、牡蛎为主要的底栖动物经济种。

1.2　近岸海域社会经济条件

山东省辖区土地总面积为 15.7×10^4 km^2，其中 7 个沿海地市辖区面积为 6.3×10^4 km^2，约占全省总陆地面积的 40%。2018 年山东年鉴统计数据显示，2017 年，山东省全省生产总值为 72 634.15 亿元，比上年增长 7.4%；山东半岛蓝色经济区（包括青岛、东营、烟台、潍坊、威海、日照 6 市及滨州市沾化区和无棣县）生产总值为 33 972.1 亿元，比上年增长 7.2%；山东省城镇居民人均可支配收入 36 789 元，比上年增长 8.2%。

山东省呈现出人口密度“西高东低”、经济密度“东高西低”的基本格局，人口压力与经济发展水平呈现逆向分布。至 2017 年年底，全省总人口 10 006 万人，7 个沿海地市总人口 3 755 万人，约占全省总人口的 37.5%。

1.2.1　全省经济发展水平

山东省经济规模位居全国前列，经济增长呈现又快又稳的特征。改革开放以来，山东省经济发展迅速。2017 年，山东经济总量为 72 634.15 亿元，按可比价计算，比上年增长 7.4%，居全国第三位。

纵观山东省沿海地市的经济发展态势，从 1995 年到 2006 年山东沿海 GDP 总量一直呈上升趋势。1995 年沿海 GDP 总量仅为 2 579.99 亿元，2006 年则达到了 11 491.59 亿元，占全省 GDP 的 52.1%，成为山东省的经济主体。2006 年沿海 GDP 总量是 1995 年的近 5 倍。根据《山东省统计年鉴 2018》统计结果，2017 年山东省沿海 7 地市 GDP 达 36 159.85 亿元，占全省 GDP 的 49.78%。人均 GDP 也一直保持持续增长，从 1995 年的 8 143.6 元/人增加到了 2002 年的16 408.4元/人，不到 10 年的时间翻了一番，2006 年更达到了 32 688.4 元/人，远远超过了全省人均 GDP 为 23 794 元/人的水平。2017 年全省人均 GDP 为 72 807 元/人。

改革开放以来，山东省产业发展呈现出不断由低级向高级转化，由低附加值向高附加值的方向发展的趋势。从山东沿海第一、第二、第三产业的绝对值来看，1995—1999 年第一产业产值呈曲线波动增长，2000—2006 年以来稳步增长，而第二产业和第三产业总量自 1995 年以来都呈增长的态势，且第三产业的增长速度最快，第二产业其次，第一产业增长得最慢。第二产业的产值由 1995 年的 1 242.56 亿元增长到了 2006 年的 6 926.14 亿元；第三产业的产值由 1995 年的 751.23 亿元增长到了 2006 年的 3 612.71亿元；第一产业的产值只增长了 0.5 倍。2017 年第一产业的产值为 4 832.17 亿元，第二产业的产值为 32 942.84 亿元，第三产业的产值为 34 858.60 亿元。产业发展的重心也由第二产业和第一产业转向第二产业和第三产业。2006 年山东半岛三次产业比例为 8.29 : 60.27 : 31.44；山东省为 9.69 : 57.76 : 32.55；与山东省相比，沿海的产业结构层次较高，但仍没有达到最优的“三二一”的产业结构，处于产业结构调整的过渡阶段。2017 年山东省三次产业比例为 6.3 : 45.3 : 48.0，已逐渐趋向最优的“三二一”产业结构。

通过近年的产业发展速度，可以衡量山东省海洋新兴产业的发展情况。以 2009 年为基期，产值（产量）为 1，计算 2011 年的数值，得到表 1-2。近 3 年来，山东海洋新兴产业发展速度快慢依次为：海洋电力、海洋油气、海洋生物医药、海水养殖。而 2011 年山东海洋经济产值是 2009 年产值的 1.459 倍，山东海洋新兴产业的发展速度快于山东海洋经济整体发展速度，带动了山东海洋经济的发展。这也意味着山东海洋新兴产业发展速度快于海洋传统产业，海洋传统、新兴产业结构在不断优化。

但与全国同类产业相比，除海洋生物医药业略快于全国平均水平外，其他产业发展速度均慢于全国平均水平。而在海洋经济发展方面，全国 2011 年海洋生产总值是 2009 年的 1.426 倍，山东海洋经济发展速度快于全国平均水平。这就说明，山东海洋经济发展虽然快于全国平均水平，但很大程度上是依靠海洋传统产业实现的，山东海洋新兴产业发展则滞后于全国同类产业的发展。

表 1-2　2009—2011 年山东省与全国海洋新兴产业增长速度对比

海洋经济	海水养殖	海洋油气	海洋生物医药	海洋电力
山东	1.535	2.273	1.683	3.280
全国	1.561	2.312	1.678	4.083

1.2.2　全省海洋经济

历届山东省委、省政府都十分重视海洋经济的发展，特别是 1991 年提出和实施“海上山东”建设战略以来，山东省海洋经济取得了显著成绩，海洋经济综合实力进一步增强，渔业产业素质进一步提高，现代产业体系进一步完善。目前，山东作为海洋渔业大省，海洋区位和渔业产业基础优势明显，形成了若干支柱产业，即海洋渔业、滨海旅游业、海洋交通运输业、海洋化工、海洋船舶制造业等产业，海洋盐业在全国占有重要地位。同时，海洋电力和海水利用，海洋生物医药、海洋工程建筑业等相关产业也已具规模，形成了较为完备的海洋产业体系。2017 年，全省海洋生产总值达 1.4 万亿元，同比增长 8%，约占全省 GDP 的 19.9%；全省水产品总产量达到 924×10^4 t、渔业经济总产值突破 4 000 亿元；远洋渔业产量、产值分别达到 43.9×10^4 t、53 亿元，实力从全国的第四位跃居全国首位；全省渔民人均年纯收入超过 2 万元，比 5 年前增长 61.5%。

多年来，山东省通过大力培植优势主导产业，强化海洋渔业科技创新，加强渔业资源环境管理，加快推进现代海洋渔业发展，努力打造山东半岛蓝色经济区，已经建成全国最大的渔业生产基地。其中，威海市的海洋渔业养殖产量、产值，海洋捕捞产量、产值及海洋渔业总产量、产值均列蓝色经济区 7 城市的首位，烟台、青岛紧随其后。在海水养殖面积方面，烟台、东营、滨州分列前 3 位。海洋渔业作为山东海洋经济的第一支柱产业，在全省经济发展中占有重要的地位。

目前，山东半岛已经形成较完备的海洋主导产业有：海洋渔业、海洋盐业、海洋运输业、海洋造船工业、海洋油气化工业、滨海旅游业、海洋高新技术产业等。虽然这些产业多数因继承传统产业的优势，具备了较为厚实的产业基础，但山东半岛海洋主导产业还存在着临海生产力布局分散、产业粗放、低质、重复建设严重等问题，未能形成应有的主导与带动的核心竞争力。因此，必须对山东半岛海洋主导产业进行整体规划，以实现山东半岛蓝色经济可持续发展。

第 2 章　山东省近岸海域环境现状

2.1　数据来源与评价方法

本书数据主要来源于 2010—2017 年 8 年间的海洋生态环境监测数据，因不同海域数据上溯时间不统一，部分章节数据分析年限略有不同，详见各章节内容。

2.1.1　监测站位

根据海洋环境监测工作实际情况，每年监测站位的布设略有优化调整（监测站位以 2017 年的山东省海洋环境监测站位为例，如图 2-1 所示）。

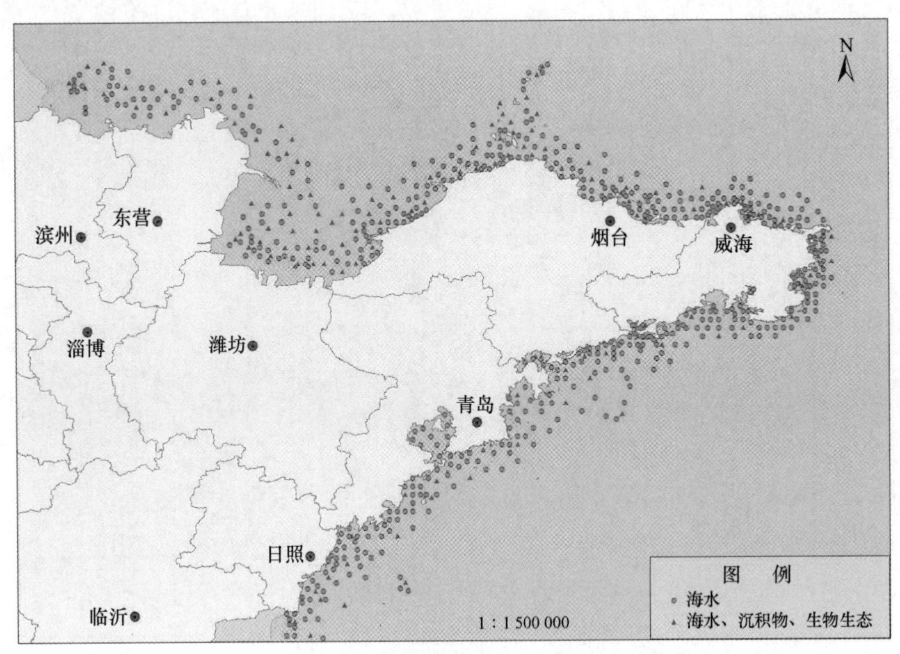

图 2-1　2017 年山东省海水监测站位布设

2.1.2　监测项目

山东省近岸海域环境监测一般主要从水环境、沉积环境和海洋生物生态 3 个方面开展，其中，水环境监测的要素包括海水 pH 值、溶解氧、化学需氧量、无机氮、活性磷酸盐、石油类和重金属等，沉积环境监测要素包括有机碳、硫化物和石油类等，海洋生物生态监测要素包括浮游植物、浮游动物和底栖生物的生物量、生物密度和生物多样性指数等。所选取的主要评价指标的监测意义如下。

1）pH 值

pH 值是海水中氢离子活度的一种度量。海水表层正常的 pH 值为 7.5~8.2，变化很小，有利于海洋生物的生长。引起海水 pH 值变化的自然因素是海洋生物的光合作用、生物呼吸和有机物的分解。引起海水 pH 值变化的人为因素是排放含酸或含碱的工业废水或废物，水体过营养化引发“赤潮”也会使局部海域 pH 值升高。海水的 pH 值直接或间接地影响海洋生物的营养、消化、呼吸、生长、发育和繁殖。对海洋生物来说，pH 值是一个重要的生态因子。各种生物都有其生长发育的最适合的 pH 值范围，这是长期适应的结果。过高或过低 pH 值对海洋生物活动都是有害的。

2）盐度

盐度是海水中含盐量的一个标度。海水含盐量是海水的重要特性，它与温度和压力三者都是研究海水的物理过程和化学过程的基本参数。海洋中发生的许多现象和过程，常与盐度的分布和变化有关，因此，海洋中盐度的分布及其变化规律的研究，在海洋科学上占有重要的地位。海水盐度因海域所处位置的不同而有差异，主要受气候与大陆的影响。近岸海水的盐度主要受陆地河流向海洋输入淡水（入海径流）的影响，所以盐度的变化范围较大。影响海水盐度的分布变化因素很多，一般受降水、蒸发、径流和水系的影响。盐度主要是通过水的密度和渗透压影响海洋生物的形态、生长、发育和繁殖。

3）溶解氧

海水中溶解氧是海水化学的重要参数，其主要来源于大气中氧的溶解，其次是海洋植物（主要是浮游植物）进行光合作用时产生的氧。海洋中的溶解氧主要消耗于海洋生物的呼吸作用和有机质的降解。水中的溶解氧与大气中氧气的分压成正比。当温度和盐度升高时，海水中的溶解氧降低。浮游植物繁衍盛期，光合作用产生大量的氧，致使上层水中氧过饱和。海水透明度的大小影响到光合作用的深度，也影响到溶解氧的垂直分布。当海水中有机质分解及生物的呼吸作用所消耗的氧大于海水中溶解氧的补充时，常使氧呈不饱和状态。海水中溶解氧的时空分布受不同水系的分布和势力的影响显著。

4）化学需氧量

化学需氧量是指水体中能被氧化的物质在规定条件下进行化学氧化过程中所消耗氧化剂的量，以每升水样消耗氧的毫克数表示，通常记为 COD。当前测定海水化学需氧量常用的方法是碱性 $KMnO_4$ 法，它是表示海水中还原性物质多少的一个指标。水中的还原性物质有各种有机物、亚硝酸盐、硫化物、亚铁盐等，主要以有机物为主。化学需氧量越大，说明水体受有机物的污染越严重。

5）无机氮

无机氮是海洋生物繁殖、生长所必需的营养物质，在无机氮小于 0.028 mg/L 的贫营养水域，不利于海洋初级、次级生物和经济鱼类的生产。在正常情况下，海水中的“三氮”含量远远达不到引起海洋生物受危害程度。然而，由于“三氮”可被浮游植物同化，富营养化水域在适宜的条件下有可能发生赤潮，多数赤潮对海洋生物有影响，可能对海洋渔业资源和生态环境带来极大的破坏。主要表现在赤潮生物夜间过量消耗氧气及腐败的藻体腐烂分解常引起水体缺氧，造成生物大量死亡。

6）活性磷酸盐

活性磷酸盐是指能被海洋植物同化的无机 H_3PO_4-P、H_2PO_4-P、HPO_4-P 和 PO_4-P 的总和，是海洋中主要营养盐类，是浮游植物繁殖和生长必不可少的营养要素之一。海水中磷的含量太低将抑制浮游植物的正常生长，从而妨碍海洋生产力的发展。然而，如果水中磷含量超过一定限度，会刺激藻类生长，引发赤潮。近年来的研究表明，浮游植物过量繁殖与磷酸盐含量之间存在明显的正相关关系。由于磷酸盐的来源不如氮广泛，磷的需求对浮游植物来说显得尤为重要。根据最低营养限制定律，水体中浮游植物的生长量受磷的含量限制更为明显，磷污染对水体富营养化影响更大。

7）石油类

石油类是各种烃类的混合物，其可以溶解态、乳化态和分散态存在于海水中。石油类物质是中国近海的主要污染物之一，沿海的陆源污染、船舶和油田污染、海底局部自然溢油是海域污染的主要原因。石油类进入海水环境后，其含量超过 0.1～0.4 mg/L，即可在水面形成油膜，影响水体的复氧过程，造成水体缺氧，危害水生物的生活和有机污染物的耗氧降解。石油类包括多种有毒有害物质，可在环境中迁移或扩散，对生物和生态系统造成显见的或潜在的严重危害，被联合国环境规划署（UNEP）列为重点监控的化学污染物之一。

8）有机碳

有机碳作为海洋沉积物中的一个重要组成成分，常用于指示沉积物中有机质含量，判断有机质的来源，反映表层水体的初级生产力状况和陆源有机物的输入状况，是沉积物质量研究中一项十分重要的指标。

9）硫化物

硫化物含量的高低是衡量海洋底质环境优劣的一项重要指标。海底沉积物中的硫化物一部分是自生的，地层岩石中含硫铁矿的矿物经海水侵蚀溶解，在缺氧条件下被还原为硫化物。另一部分是外源的，陆地硫污染物在雨水的长期冲刷下随着江河径流流入海洋，沉积到底质中，一般高含量硫化物的区域显示着有陆源硫污染物的输入。此外，硫化物对养殖生物的鳃组织具有很强的刺激和腐蚀作用，可使组织产生凝血性坏死，引起生物呼吸困难，窒息死亡，硫化物的毒性主要来自沉积物中溢出的硫化氢。

10）重金属类

重金属污染因具有长期性、隐蔽性和生物不可降解性等特征，解决重金属过量释放到环境中造成的污染问题一直是个世界难题。很多重金属都具有显著生物毒性，目前，至少有 10 种以上的重金属因为种种人为原因在生态环境中被不同程度地释放并造成危害，这些重金属包括汞（Hg）、镉（Cd）、铅（Pb）、铬（Cr）、砷（As）、铜（Cu）、锌（Zn）等。虽然其中部分金属元素是人体必需的，但当摄入浓度过量时也会引起人体器官的损害和中毒反应。重金属污染相比其他化合物污染，如农药污染等，可能引发的食品安全和生态安全问题以及对生态环境和人类健康造成威胁会更加严重。这些重金属既可能来源于岩石的自然风化和侵蚀，也可能来源于许多分散的污染源如灰尘、降雨或水质交换过程，同时又可能来源于受污染的河流、居民生活废水和工农业污水排放口等。

11）浮游植物

浮游植物是海洋食物链的基础环节，浮游植物随波逐流的生活方式，使其对栖息的生境中的各种环境因子有着较强的依赖性。浮游植物的种类组成特点和数量分布等生态特征，在一定程度上反映了海域生态环境的基本特征。

12）浮游动物

浮游动物作为海洋生态系统的次级生产者，既摄食浮游植物和次小型浮游动物，又是高阶海产动物的基础饵料。浮游动物群落特征既反映了海洋环境质量状况，也是海洋环境评价和渔业资源动态预测的重要指标。

13）大型底栖动物

大型底栖动物是海洋环境中一个重要的生态类群，它在水体生态系统的物质循环和能量流动中占有十分重要的地位。大部分的底栖动物可作为鱼类、虾类等水产经济动物的直接食物来源。作为天然饵料，底栖动物亦成为碎屑食物链的关键一环。同时，底栖动物生活在水底，生活环境相对固定，具有区域性强、迁移能力差的特点，它们通过摄食、掘穴和建管等活动与周围环境发生着相互作用，在受污染水域的水质净化中具有重要作用，加之其对生存环境及污染的不同耐受和敏感程度，有些底栖动物还成为海洋污染的指示生物。

2.1.3　监测频次

水环境监测频次为 4 次/年，分别于 3 月、5 月、8 月、10 月开展外业工作；其中，3 月监测任务于 2015—2017 年期间开展。

沉积环境监测频次为 1 次/年，于 8 月开展。

海洋生物生态监测频次为 2 次/年，在 5 月、8 月各开展 1 次。

2.1.4　评价方法

2.1.4.1　单因子指数法

海水质量和沉积物质量评价采用单因子指数法，公式如下：

$$P_i = C_i / S_{si} \tag{2-1}$$

式中，P_i 为第 i 种污染物的海水质量或沉积物质量指数；C_i 为第 i 种污染物的实测值；S_{si} 为第 i 种污染物的评价标准值。

其中，溶解氧（DO）

$$I_i(DO) = |DO_f - DO| / (DO_f - DO_s) \qquad DO \geq DO_s \tag{2-2}$$

$$I_i(DO) = 10 - 9DO/DO_s \qquad DO < DO_s \tag{2-3}$$

$$DO_f = 468/(31.6 + t) \tag{2-4}$$

式中，I_i（DO）为溶解氧标准指数；DO_f 为现场水温及盐度条件下，水样中氧的饱和浓度（mg/L）；DO_s 为溶解氧标准值（mg/L）；t 为现场温度。

海水质量评价标准采用 GB-3097（表 2-1）；沉积物质量评价标准采用 GB-18668（表 2-2）。

当 $P_i \leq 1.0$ 时，海水质量或沉积物质量符合标准；当 $P_i > 1.0$ 时，海水质量或沉积物质量超过标准。

表 2-1　第二类海水水质标准（GB 3097-1997）（摘录） 　　单位：mg/L

污染物名称	溶解氧	化学需氧量≤	无机氮≤	活性磷酸盐≤	石油类≤
标 准	5	3	0. 3	0. 03	0. 05

表 2-2　海洋沉积物质量标准（GB 18668-2002）（摘录）

项目	一类	二类
硫化物（$\times10^{-6}$）	≤300. 0	≤500. 0
石油类（$\times10^{-6}$）	≤500. 0	≤1 000. 0
有机碳（$\times10^{-2}$）	≤2. 0	≤3. 0

注：数值测定项目均以干重计。

2. 1. 4. 2　综合指数法

海水富营养化采用富营养化指数（E）法，其计算公式为：

$$E = \frac{COD(\mathrm{mg/L}) \times 无机氮(\mathrm{mg/L}) \times 无机磷(\mathrm{mg/L})}{4\ 500} \times 10^6 \qquad (2-5)$$

当$E \geqslant 1$，即为富营养化。

水质有机污染风险评价采用有机污染综合指数法及有机污染等级进行评价。即：

$$A = COD_i/COD_s + IN_i/IN_s + IP_i/IP_s - DO_i/DO_s \qquad (2-6)$$

式中，A 为有机污染指数；COD_i、IN_i、IP_i 和 DO_i 分别为实测值；COD_s、IN_s、IP_s 和 DO_s 分别为相应要素一类海水水质标准，分别为 2. 0、0. 2、0. 015 和 6. 0（单位均为 mg/L）。有机污染水平等级见表 2-3。

表 2-3　有机污染评价分级

A 值	< 0	0~1	1~2	2~3	3~4	> 4
污染程度分级	0	1	2	3	4	5
水质评价	良好	较好	开始受到污染	轻度污染	中度污染	严重污染

2. 1. 4. 3　生物多样性评价

生物多样性特征分析主要采用生物优势度指数、物种丰富度指数、物种多样性指数和物种均匀度指数等几种指数。

生物优势度指数从各种类在数量、重量中所占比例和出现频率 3 个方面进行优势度的综合评价，判断其在群落中的重要程度，即：

$$IRI = (N + W)F \qquad (2-7)$$

式中，IRI 为相对重要性指数；N 为在数量中所占的比例；W 为在重量中所占的比例；F 为出现频率。

物种丰富度指数（Margalef，1958）为：

$$D = (S - 1)/\log_2 N \qquad (2-8)$$

式中，D 为物种丰富度指数；S 为种类总数；N 为生物总个体数。

物种多样性指数系根据各个种类所占比例进行分析（Shannon-Wiener），即：

$$H' = -\sum_{i=1}^{s} P_i \log_2 P_i \qquad (2-9)$$

式中，H'为物种多样性指数；S 为样品中的种类总数；P_i 为 i 种的个体数与总个体数的比值。

物种均匀度指数（Pielou）为：

$$J' = H'/\log_2 S \qquad (2-10)$$

式中，J'为物种均匀度指数；H'为物种多样度指数；S 为种类数。

2.1.4.4　海洋生态系统健康评价

近岸海洋生态系统健康状况分如下 3 个级别。

（1）健康。生态系统保持其自然属性，生物多样性及生态系统结构基本稳定，生态系统主要服务功能正常发挥，人为活动所产生的生态压力在生态系统的承载力范围之内。

（2）亚健康。生态系统基本维持其自然属性，生物多样性及生态系统结构发生一定程度的改变，但生态系统主要服务功能尚能正常发挥，环境污染、人为破坏、资源的不合理利用等生态压力超出生态系统的承载能力。

（3）不健康。生态系统自然属性明显改变，生物多样性及生态系统结构发生较大程度的改变，生态系统主要服务功能严重退化或丧失，环境污染、人为破坏、资源的不合理利用等生态压力超出生态系统的承载能力。

1）评价指标分类与权重

河口、海湾生态系统健康状况评价包括 5 类指标。各类指标及其权重见表 2-4。

表 2-4　海洋生态系统健康评价指标分类及权重

生态系统类型	水环境	沉积环境	生物残毒	栖息地	生物
河口	15	10	10	15	50
海湾	15	10	10	15	50

2）评价指标健康指数计算方法

海洋生态系统评价指标健康指数计算方法按《近岸海洋生态健康评价指南》（HY/T 087）执行。

生态健康指数按下式计算：

$$CEH_{indx} = \sum_{1}^{p} INDX_p \qquad (2-11)$$

式中，CEH_{indx}为生态健康指数；$INDX_p$ 为第 p 类指标的健康指数；p 为评价指标的类群数。

海洋生态健康评价标准与方法依据 CEH_{indx} 评价生态系统健康状况，具体如下：当 $CEH_{indx} \geq 75$ 时，生态系统处于健康状态；当 $50 \leq CEH_{indx} < 75$ 时，生态系统处于亚健康状态；当 $CEH_{indx} < 50$ 时，生态系

统处于不健康状态。

2.2 近岸海域环境质量现状

2013—2017 年，山东近岸海域海水中无机氮、活性磷酸盐、石油类和化学需氧量等指标综合评价结果显示，全省海水环境质量状况基本稳定，符合一类海水水质标准的海域面积整体上占全省海域面积的 87%以上；劣于四类水质海域主要集中在莱州湾、渤海湾南部、丁字湾等水体交换能力较差的区域，主要超标要素为无机氮。

近岸海域符合一类水质占比 2014 年及 2016 年较高，2013 年及 2015 年略低。2014 年符合一类海水水质标准的海域面积 147 734 km^2，约占山东省毗邻海域面积的 92.6%，2015 年符合一类海水水质标准的海域面积 139 474 km^2，约占山东省毗邻海域面积的 87.4%；而符合四类及劣于四类海水水质标准的海域面积的变化呈先增大后逐渐减少的趋势，2014 年最低分别为 1 552 km^2 和 1 611 km^2，2015 年污染最为严重的海域面积分别为 1 376 km^2 和 3 619 km^2，2016 年以后有所好转（表 2-5，图 2-2）。

表 2-5　2013—2017 年达到相应海水水质标准的海域面积　　单位：km^2

年度	一类水质海域面积	二类水质海域面积	三类水质海域面积	四类水质海域面积	劣四类水质海域面积
2013	139 507	8 672	7 364	1 480	2 577
2014	147 734	5 216	3 487	1 552	1 611
2015	139 474	11 574	3 457	1 376	3 619
2016	146 836	6 482	2 796	1 184	2 202
2017	143 683	8 609	3 419	1 321	2 468

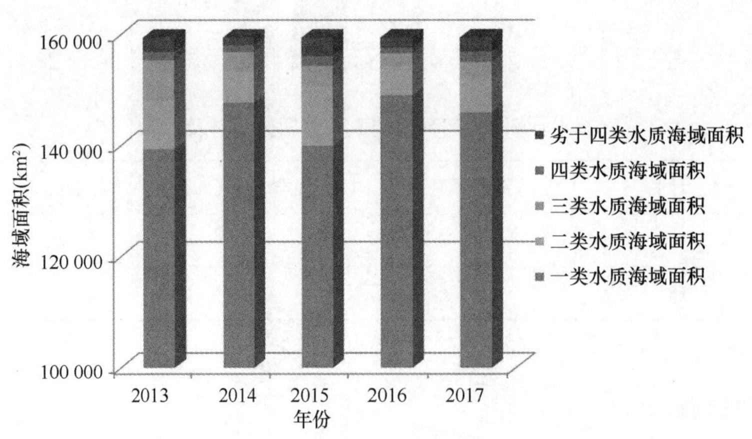

图 2-2　2013—2017 年山东省近岸海域各类水质海域面积

2013—2017 年，全省劣于四类海水中的主要超标物质为无机氮。无机氮超标导致了近岸局部海域的富营养化，重度富营养化海域主要分布在东营及潍坊近岸的小清河口海域和丁字湾海域。莱州湾西部东营及潍坊近岸海域一直是重度富营养化海域，但该区域富营养化程度有减缓趋势。

2013—2017 年，对全省近岸海域海洋沉积物开展了监测，监测指标包括锌、铬、汞、铜、镉、铅、砷、石油类、硫化物和有机碳等。监测结果表明：2013 年以来，全省海洋沉积物质量状况总体较好，

95%以上的监测区域沉积物质量符合一类海洋沉积物质量标准，个别站位汞、镉、石油类超一类符合二类海洋沉积物质量标准。从 2013 年以来的监测结果来看，沉积物各监测项目含量较为稳定，波动较小。

2013—2017 年，全省海域浮游生物和底栖动物等主要优势种类群基本稳定，种类数呈先下降后升高趋势，多样性指数未发生明显变化，如图 2-3 所示。其中，浮游植物主要类群以硅藻和甲藻为主，局部海域甲藻比例偏高；浮游动物类群主要以桡足类动物为主；大型底栖生物以多毛类、软体动物和节肢动物为主。

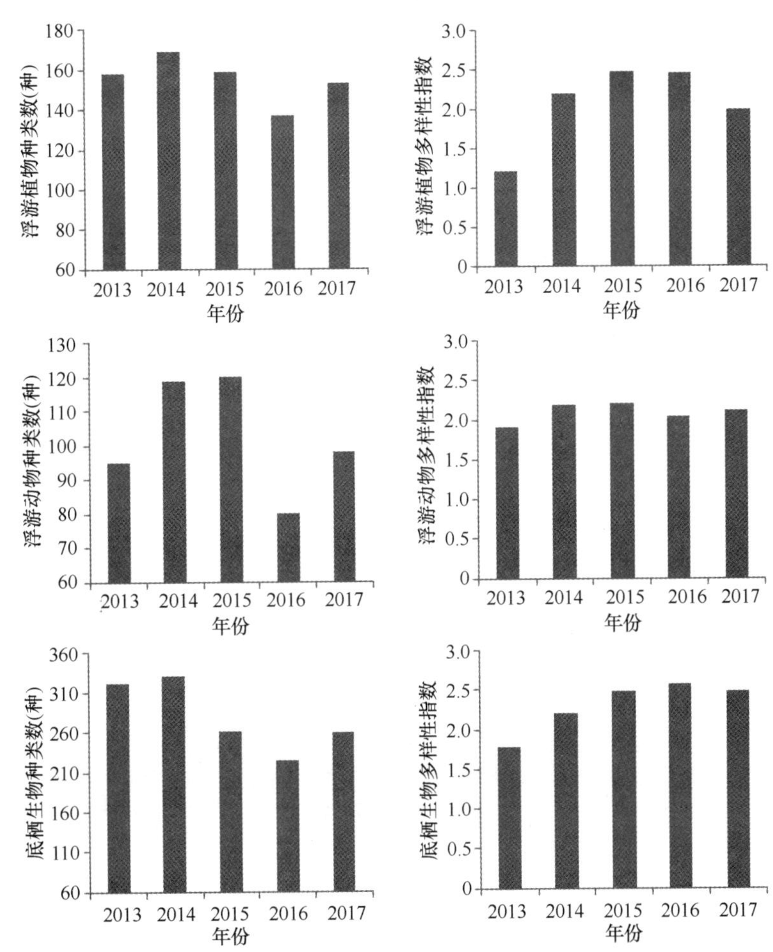

图 2-3　2013—2017 年全省海域海洋生物种类数和多样性指数年际变化

2.3　近岸海域环境质量变化趋势和空间分布特点

2.3.1　近岸海域环境质量变化趋势

2.3.1.1　海水环境

1）pH 值

2010—2017 年，全省海域 pH 值波动较为稳定，年际均值变化范围为 8.07~8.20，如图 2-4 所示。

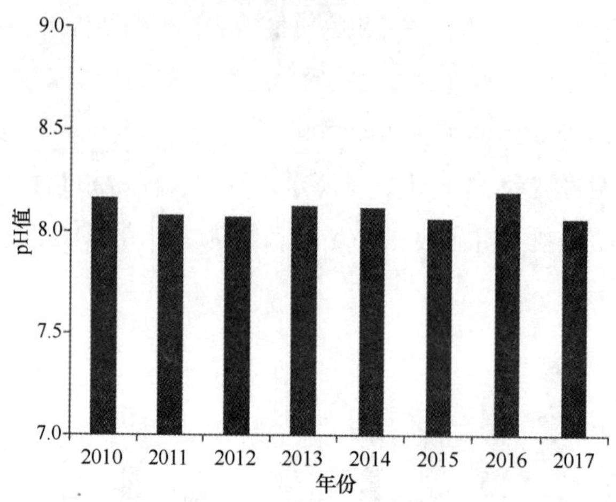

图 2-4　2010—2017 年山东省近岸海域 pH 值的年际变化

2）盐度

2010—2017 年，全省海域盐度年际均值变化范围为 27. 616～31. 030。2013 年盐度平均值较低，其余年份变化不大，如图 2-5 所示。

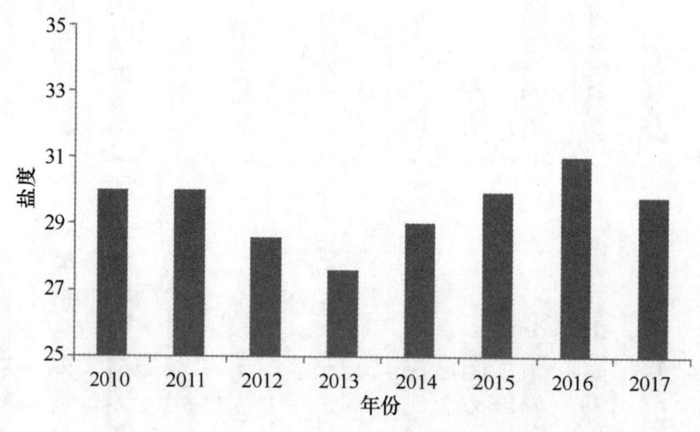

图 2-5　2010—2017 年山东省近岸海域盐度年际变化

3）化学需氧量

2010—2017 年，全省海域化学需氧量年际均值变化范围为 1. 07～1. 55 mg/L。2010 年以来，全省海域化学需氧量变化不大，总体呈先升高后降低的趋势，如图 2-6 所示。

4）无机氮

2010—2017 年，全省海域无机氮年际均值变化范围为 0. 188～0. 342 mg/L。近几年随着经济的发展，近海富营养化越来越严重，无机氮已成为近海海域主要的污染因子。2010 年以来，全省近岸海域无机氮含量呈现波动变化，2013 年无机氮含量最高，可能与该年盐度最低、受外源输入影响有一定关系，2016 年无机氮含量最低，至 2017 年有所升高，如图 2-7 所示。

5）活性磷酸盐

2010—2017 年，全省海域活性磷酸盐含量年际均值变化范围为 0. 005 6～0. 007 3 mg/L。2013 年以

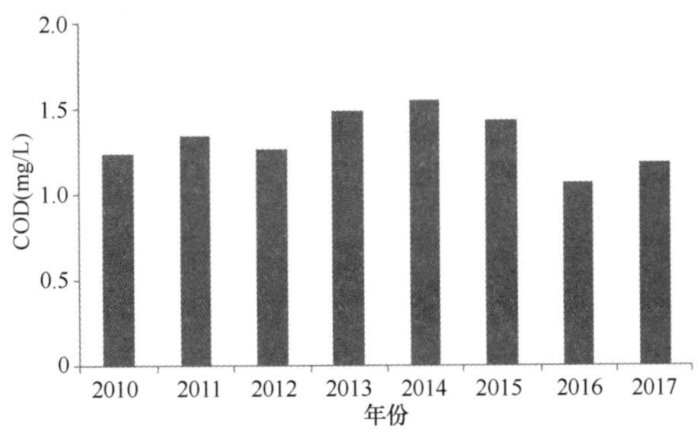

图 2-6　2010—2017 年山东省近岸海域化学需氧量年际变化

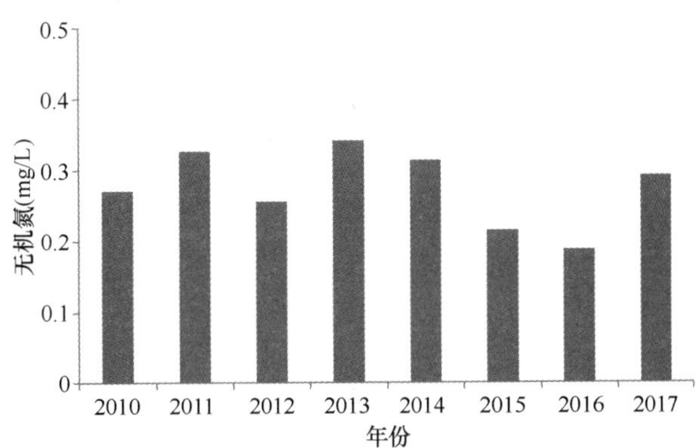

图 2-7　2010—2017 年山东省近岸海域无机氮年际变化

来全省海域活性磷酸盐含量较为稳定，变化不大，如图 2-8 所示。

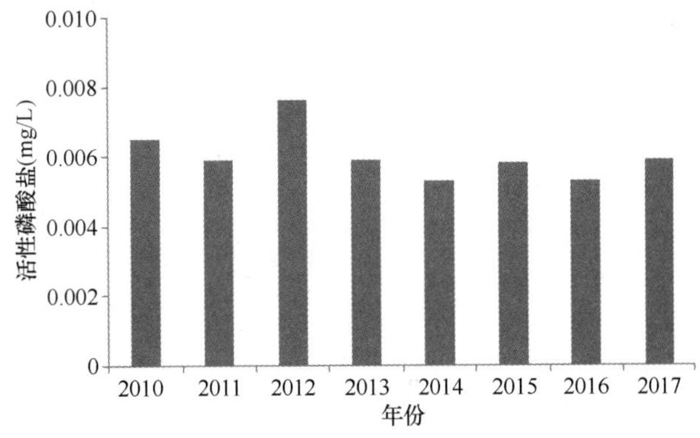

图 2-8　2010—2017 年山东省近岸海域活性磷酸盐年际变化

6）石油类

2010—2017 年，全省海域石油类含量年际均值变化范围为 0.020 6~0.027 2 mg/L。全省近岸海域石油类含量较低且较为稳定，如图 2-9 所示。

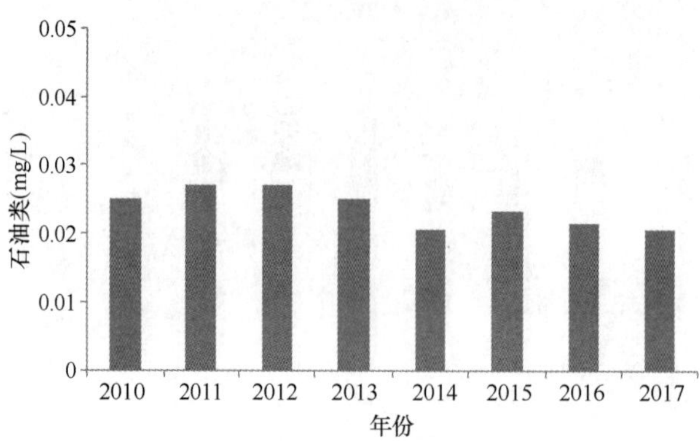

图 2-9　2010—2017 年山东省近岸海域石油类年际变化

7）重金属类

（1）铜　2010—2017 年，全省海域铜含量年际均值变化范围为 0. 001 99 ~ 0. 003 04 mg/L。铜含量较为稳定，年际变化不大，如图 2-10 所示。

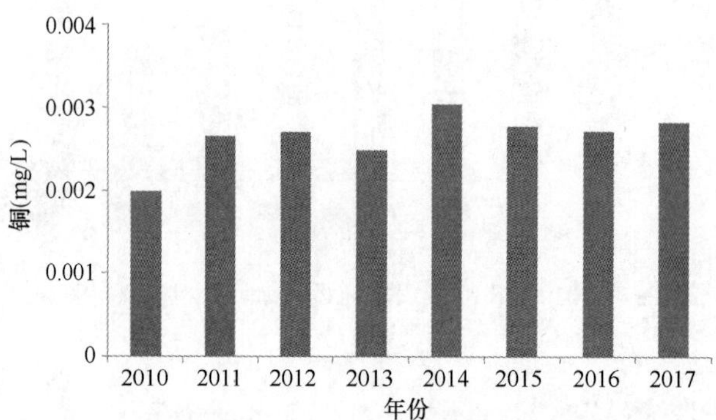

图 2-10　2010—2017 年山东省近岸海域铜含量年际变化

（2）锌　2010—2017 年，全省海域锌含量年际均值变化范围为 0. 012 6 ~ 0. 020 2 mg/L。锌含量较为稳定，年际变化不大，如图 2-11 所示。

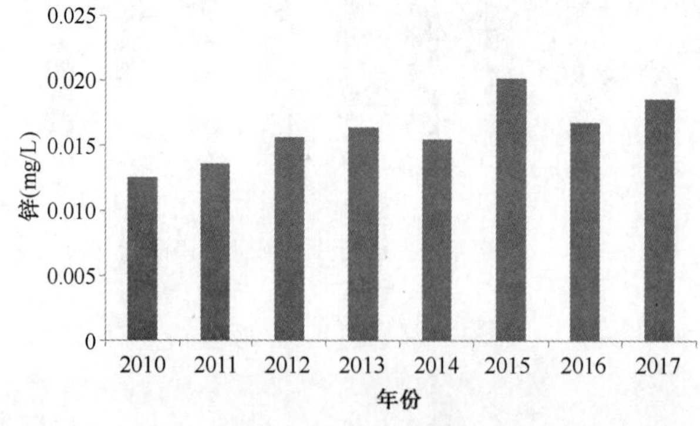

图 2-11　2010—2017 年山东省近岸海域锌含量年际变化

（3）铅　2010—2017 年，全省海域铅含量年际均值变化范围为 0. 000 650 ~ 0. 002 15 mg/L。2011 年

铅含量略高于其他年份，如图 2-12 所示。

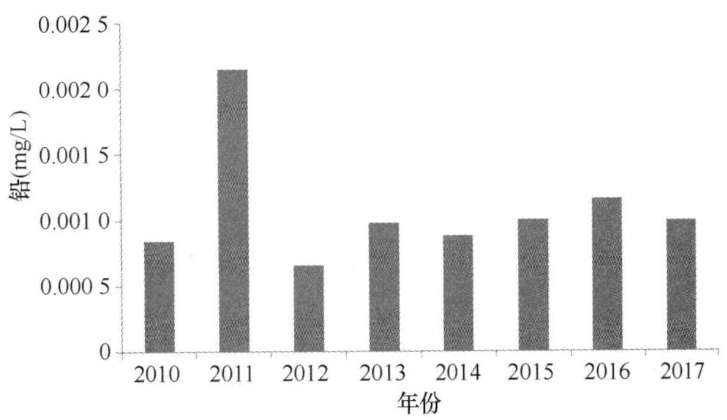

图 2-12　2010—2017 年山东省近岸海域铅含量年际变化

（4）镉　2010—2017 年，全省海域镉含量年际均值变化范围为 0.000 250～0.000 801 mg/L。2010—2012 年呈逐年下降，之后呈现稳定的趋势，如图 2-13 所示。

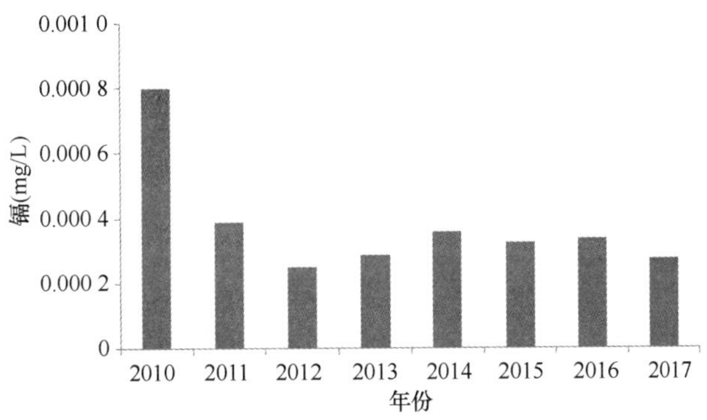

图 2-13　2010—2017 年山东省近岸海域镉含量年际变化

（5）汞　2010—2017 年，全省海域汞含量年际均值变化范围为 0.000 047 1～0.000 100 mg/L。2010—2012 年逐年下降，之后呈现稳定的趋势，如图 2-14 所示。

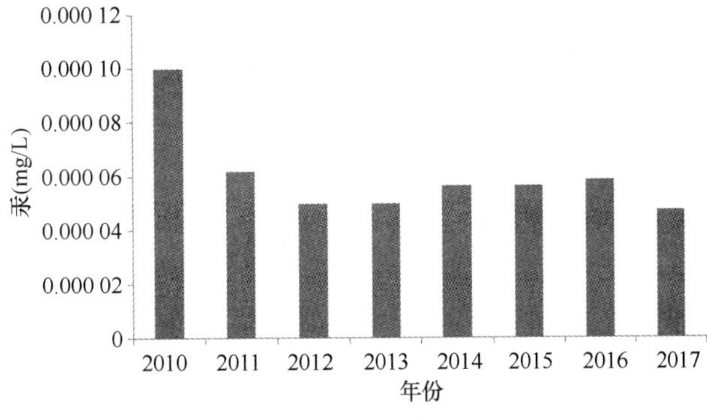

图 2-14　2010—2017 年山东省近岸海域汞含量年际变化

（6）砷　2010—2017 年，全省海域砷含量年际均值变化范围为 0.002 06～0.003 55 mg/L。全省海域砷含量呈现逐年下降趋势，如图 2-15 所示。

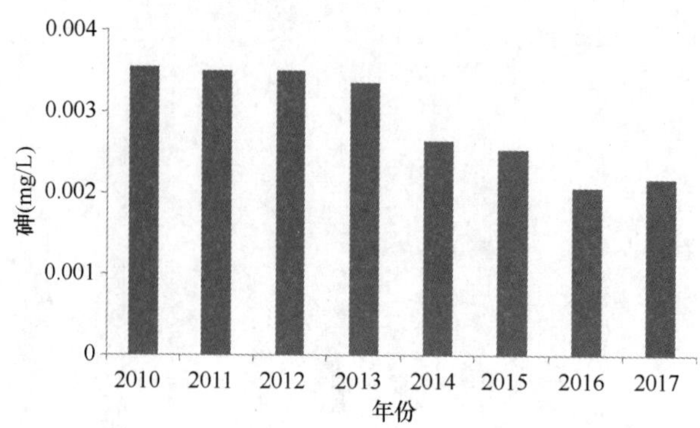

图 2-15　2010—2017 年山东省近岸海域砷含量年际变化

8）富营养化指数 *E*

2010—2017 年，全省海域富营养化水平较低，均小于 1。从年际变化趋势来看，呈现波动变化趋势，2013 年富营养化指数最高，2016 年富营养化指数最低，如图 2-16 所示。

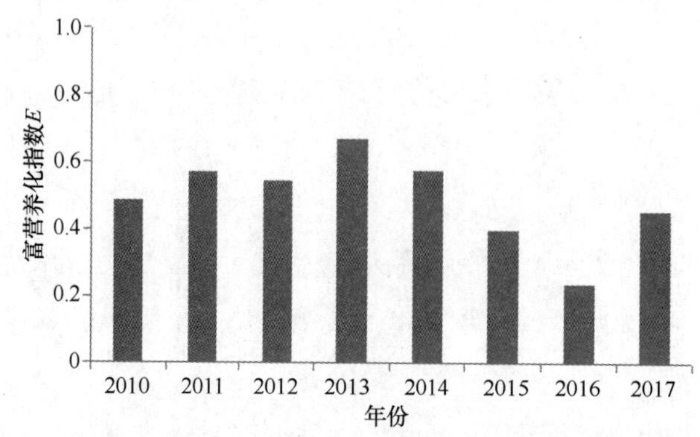

图 2-16　2010—2017 年山东省近岸海域富营养化指数年际变化

2.3.1.2　沉积环境

2010 年以来，全省近岸海域海洋沉积物监测指标包括锌、汞、铜、镉、铅、砷、石油类、硫化物和有机碳等。监测结果表明：全省海洋沉积物质量状况总体较好，95%以上的监测区域沉积物质量符合一类海洋沉积物质量标准，个别站位汞、镉、石油类符合二类海洋沉积物质量标准。从 2010 年以来的监测结果来看，沉积物各监测项目含量较为稳定，波动较小。

1）石油类

2010 年以来，全省近岸海域沉积物中石油类含量范围为 $36.8\times10^{-6}\sim140\times10^{-6}$。从图 2-17 可看出，2011 年全省近岸海域石油类含量高于其余年份。

2）有机碳

2010 年以来，全省近岸海域沉积物中有机碳含量范围为 $0.165\times10^{-2}\sim0.452\times10^{-2}$。从图 2-18 可看出，除 2014 年全省近岸海域有机碳含量较低外，其他年份含量较为稳定。

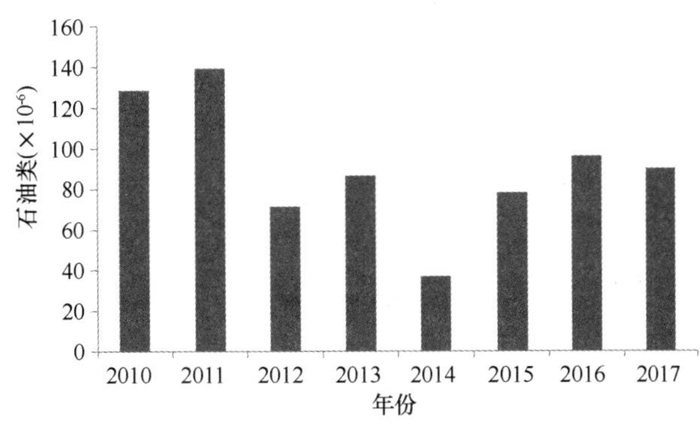

图 2-17　2010—2017 年山东省近岸海域沉积物中石油类年际变化

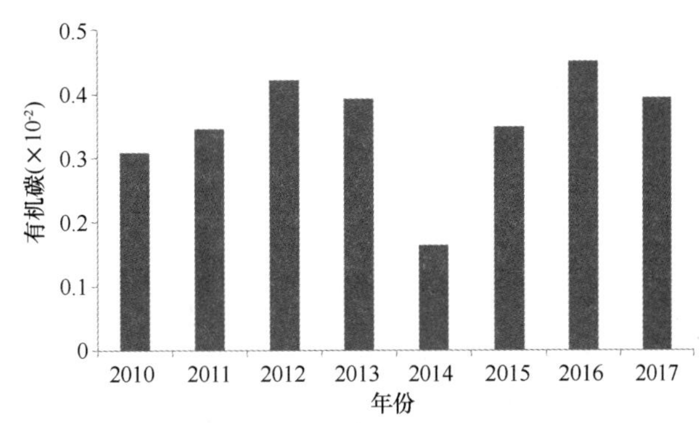

图 2-18　2010—2017 年山东省近岸海域沉积物中有机碳年际变化

3）硫化物

2010 年以来，全省近岸海域沉积物中硫化物含量范围为 $15.8\times10^{-6}\sim65.0\times10^{-6}$。从图 2-19 可看出，2010 年全省近岸海域硫化物含量最高，2014 年最低，总体呈先降低后升高的趋势。

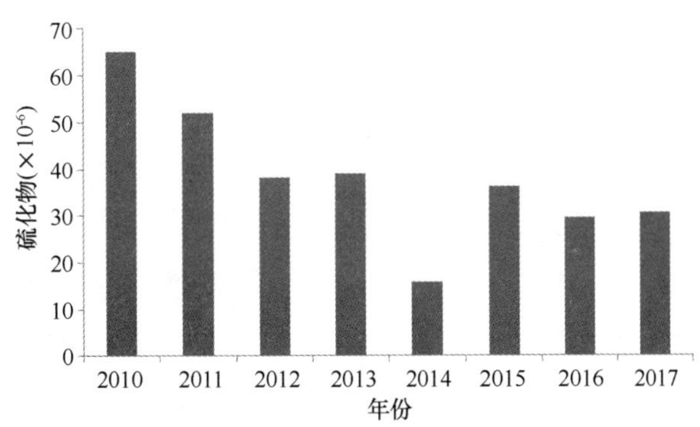

图 2-19　2010—2017 年山东省近岸海域沉积物中硫化物年际变化

4）重金属类

（1）铜　全省海域沉积物中铜含量分布如图 2-20 所示，2010 年以来，近岸海域沉积物中铜含量年际变化范围为 $9.8\times10^{-6}\sim19.4\times10^{-6}$。呈现先升高后降低的趋势，2014 年含量最高。

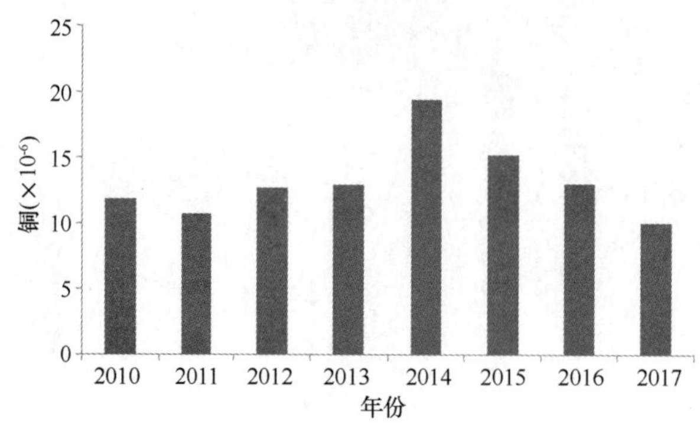

图 2-20　2010—2017 年山东省近岸海域沉积物中铜年际变化

（2）铅　全省海域沉积物中铅含量分布如图 2-21 所示，2010 年以来，近岸海域沉积物中铅含量年际变化范围为 $12.6\times10^{-6}\sim30.1\times10^{-6}$，2010 年铅含量相对较高，2014 年最低。

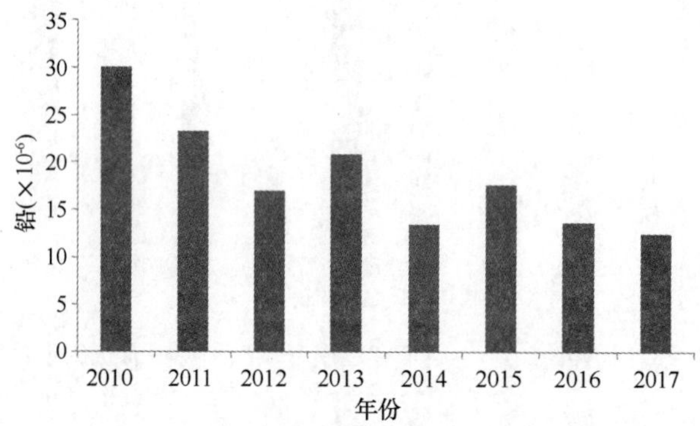

图 2-21　2010—2017 年山东省近岸海域沉积物中铅年际变化

（3）锌　全省海域沉积物中锌含量分布如图 2-22 所示，2010 年以来，近岸海域沉积物中锌含量年际变化范围为 $44.4\times10^{-6}\sim61.4\times10^{-6}$，全省海域锌含量相对较为稳定。

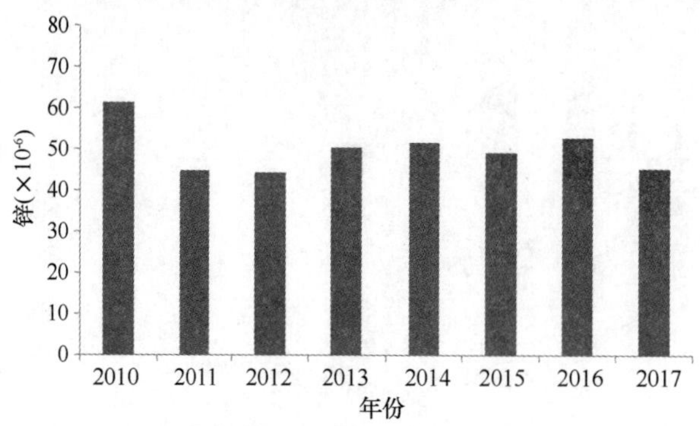

图 2-22　2010—2017 年山东省近岸海域沉积物中锌年际变化

（4）镉　全省海域沉积物中镉含量分布如图 2-23 所示，2010 年以来，近岸海域沉积物中镉含量年际变化范围为 $0.172\times10^{-6}\sim0.419\times10^{-6}$，其中，2010 年镉含量最高，2012 年最低，总体呈波动变化趋势。

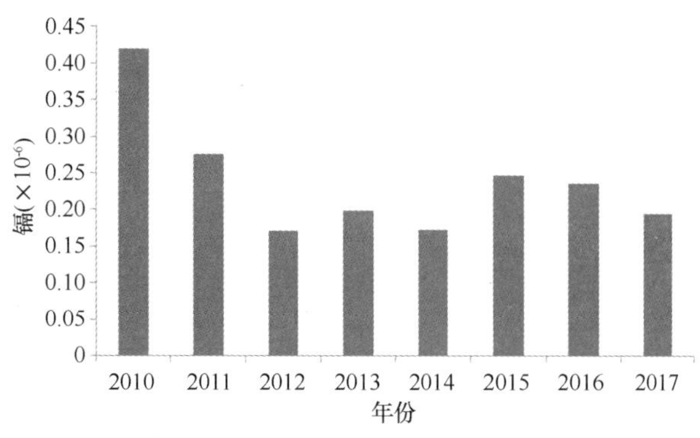

图 2-23　2010—2017 年山东省近岸海域沉积物中镉年际变化

（5）汞　全省海域沉积物中汞含量分布如图 2-24 所示，2010 年以来，近岸海域沉积物中汞含量年际变化范围为 $0.024\,9\times10^{-6}$~$0.060\,5\times10^{-6}$，其中，2013 年汞含量最高，2014 年最低，总体呈波动变化趋势。

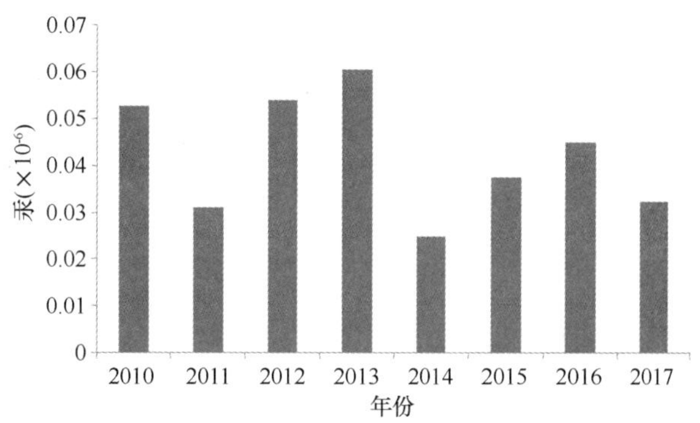

图 2-24　2010—2017 年山东省近岸海域沉积物中汞年际变化

（6）砷　全省海域沉积物中砷含量分布如图 2-25 所示，2010 年以来，近岸海域沉积物中砷含量年际变化范围为 5.66×10^{-6}~9.60×10^{-6}，砷含量较为稳定。

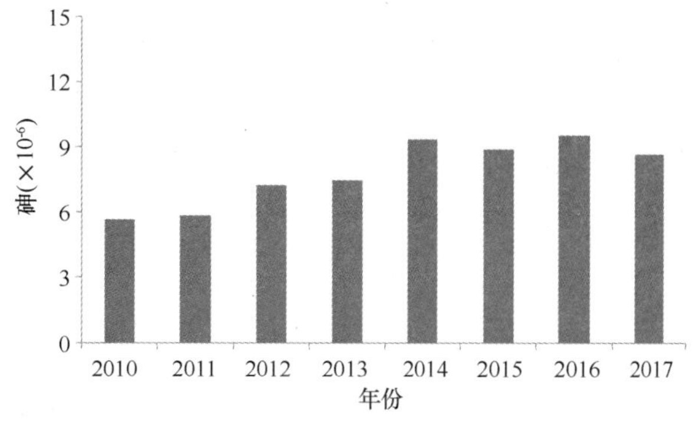

图 2-25　2010—2017 年山东省近岸海域沉积物中砷年际变化

2.3.1.3 生物生态环境

2013—2017 年，在山东省开展了近岸海域海洋生物多样性状况监测，监测内容包括浮游植物（图 2-26）、浮游动物（图 2-27）和底栖生物（图 2-28）种类组成和数量等。浮游植物、浮游动物和底栖生物种类数总体呈现稳定增长趋势，但密度波动较为剧烈。浮游植物主要类群为硅藻和甲藻，浮游动物主要类群为桡足类，底栖动物主要类群为环节动物、软体动物和节肢动物。

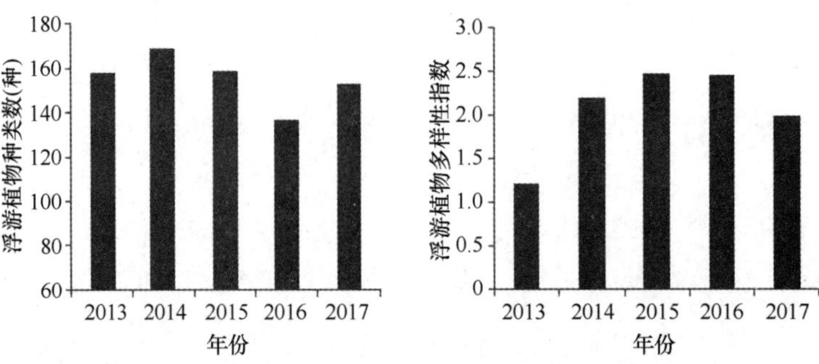

图 2-26 2013—2017 年浮游植物种类数和多样性指数变化趋势

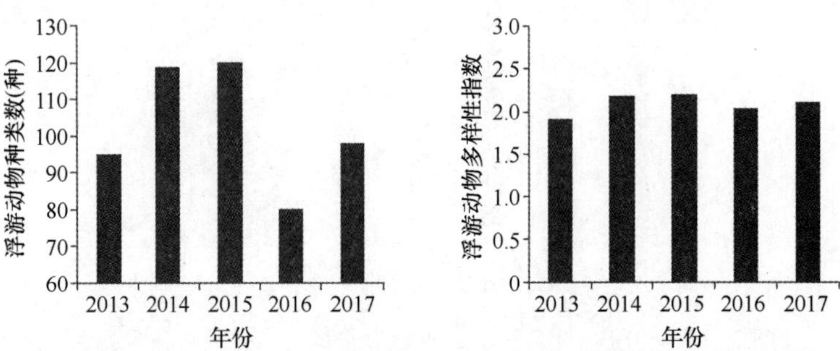

图 2-27 2013—2017 年浮游动物种类数和多样性指数变化趋势

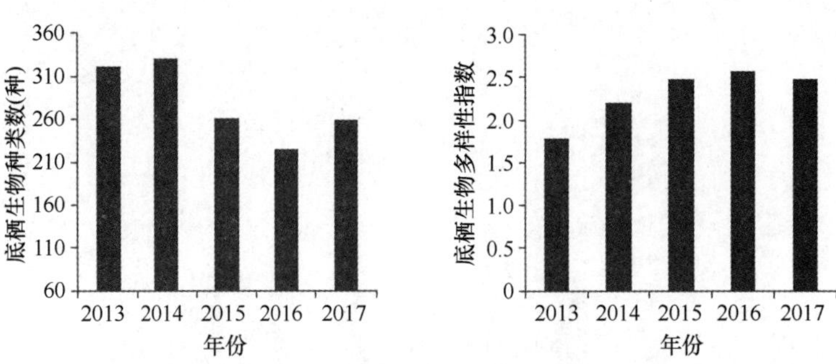

图 2-28 2013—2017 年底栖生物种类数和多样性指数变化趋势

2013—2017 年，山东海域分别鉴定出浮游植物 158 种、169 种、159 种、137 种和 153 种，主要类群为硅藻和甲藻，从年际变化趋势看，浮游植物种类总体变化不大，2016 年略低。浮游植物多样性指数范围 1.21~2.47，多样性程度较好，各区域多样性指数基本稳定。

2013—2017 年，山东海域分别鉴定出浮游动物（含浮游幼虫）95 种、119 种、120 种、80 种和

98 种，主要类群为桡足类。浮游动物种类年际变化趋势较浮游植物相似，2016 年略低于其他年份。浮游动物多样性指数范围为 1.91~2.20，多样性程度较好，不同年际间多样性指数变化较小。

2013—2017 年，山东海域分别鉴定出底栖生物 322 种、338 种、261 种、224 种和 259 种，主要类群为环节动物、软体动物和节肢动物。从年际变化趋势看，底栖生物种类数略有降低，2016 年最低。底栖生物多样性指数范围为 1.79~2.58，多样性程度较好，呈逐年升高趋势。

2.3.2　近岸海域环境质量空间分布特点

2.3.2.1　海水环境

1）COD

2010—2017 年，COD 含量空间分布如图 2-29 所示，从变化趋势图上来看，威海海域化学需氧量最低，潍坊及滨州海域较高。

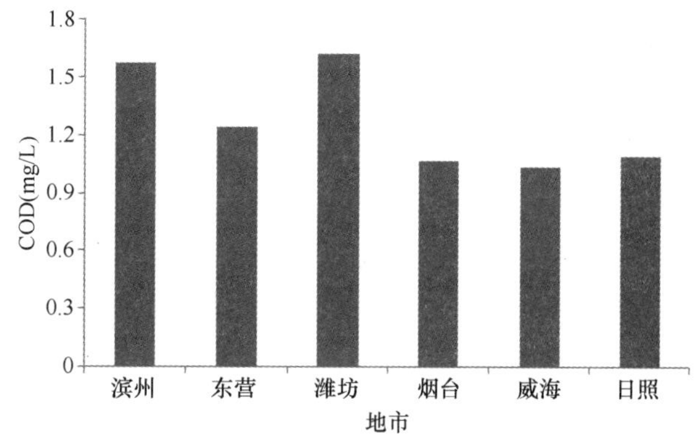

图 2-29　2010—2017 年山东省近岸海域海水中 COD 含量地域变化

2）无机氮

2010—2017 年，烟台、日照、威海海域无机氮含量较低，东营、滨州海域无机氮含量较高，潍坊海域无机氮含量最高，污染较为严重，如图 2-30 所示。近几年随着经济的发展，近海富营养化越来越严重，无机氮已成为近海海域主要的污染因子。

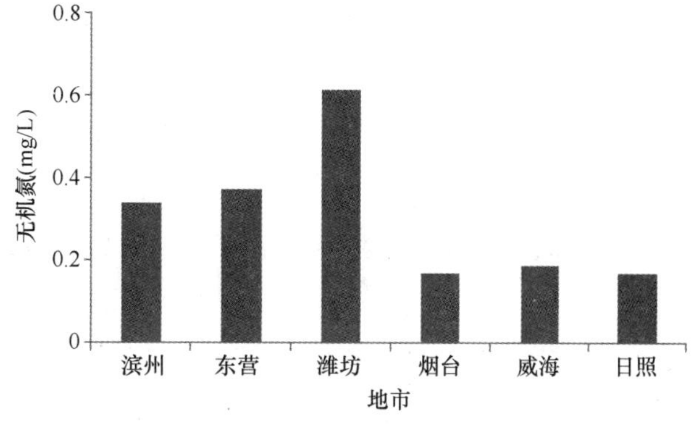

图 2-30　2010—2017 年山东省近岸海域海水中无机氮含量地域变化

3）活性磷酸盐

2010—2017 年，日照、威海及烟台海域活性磷酸盐含量较低，滨州、东营及潍坊海域含量较高，如图 2-31 所示。

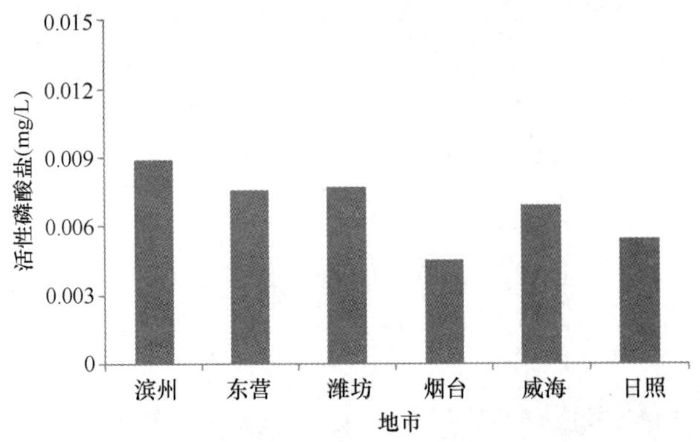

图 2-31　2010—2017 年山东省近岸海域海水中活性磷酸盐含量地域变化

4）石油类

2010—2017 年，威海及东营海域石油类含量高，其余海域石油类含量较低，如图 2-32 所示。

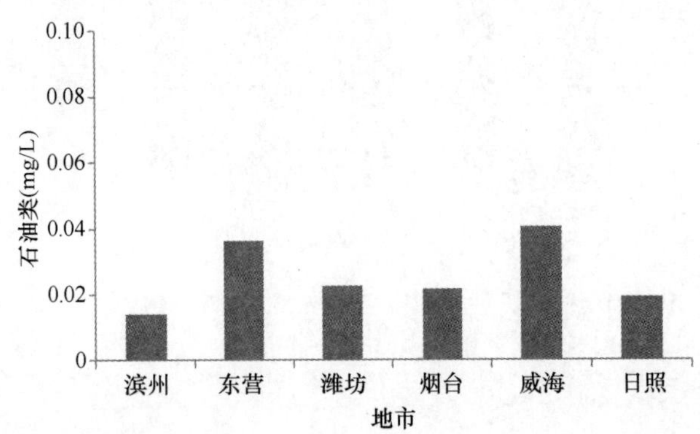

图 2-32　2010—2017 年山东省近岸海域海水中石油类含量地域变化

5）重金属类

2010—2017 年，日照海域铜含量高，东营、烟台海域铜含量次之，滨州海域最低，如图 2-33 所示。

2010—2017 年，山东省近岸海域海水中锌的整体含量较低，潍坊海域锌含量最高，日照海域次之，其余海域较低，如图 2-34 所示。

2010—2017 年，山东省近岸海域海水中铅的整体含量较低，烟台海域铅含量较高，其余海域较低，如图 2-35 所示。

2010—2017 年，山东省近岸海域海水中镉的整体含量较低，各海域之间镉含量分布较为均匀，如图2-36 所示。

2010—2017 年山东省近岸海域海水中汞的整体含量较低，各海域之间汞含量分布较为均匀，潍

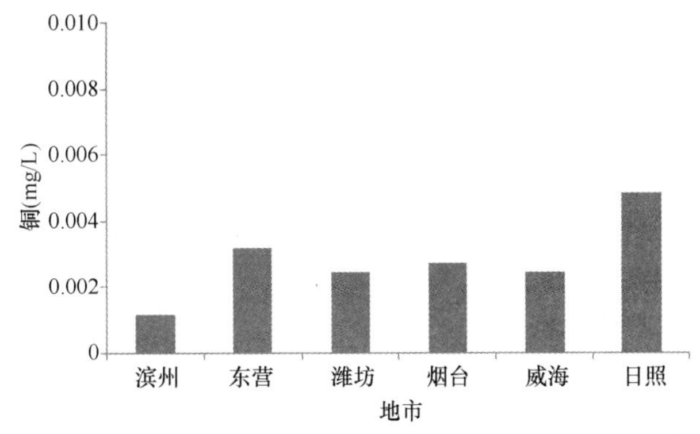

图 2-33　2010—2017 年山东省近岸海域海水中铜含量地域变化

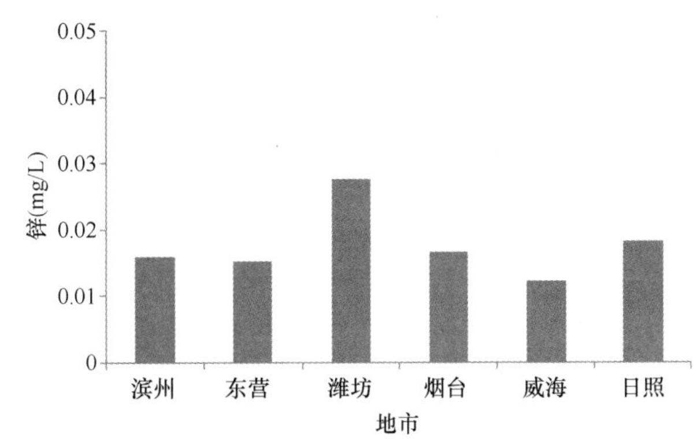

图 2-34　2010—2017 年山东省近岸海域海水中锌含量地域变化

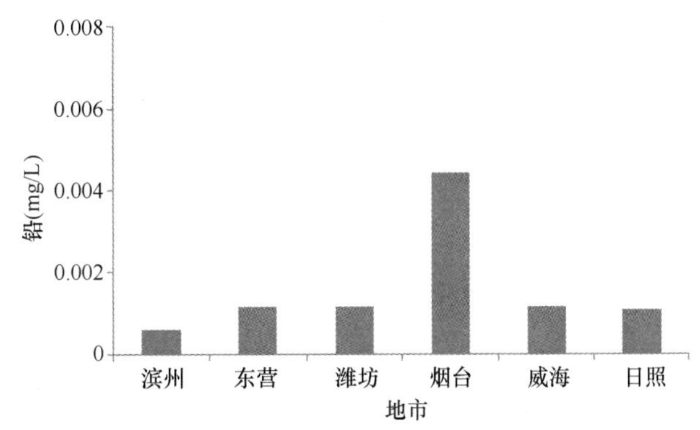

图 2-35　2010—2017 年山东省近岸海域海水中铅含量地域变化

坊、烟台及威海海域汞含量略高于其余海域，如图 2-37 所示。

2010—2017 年，日照海域砷含量最高，烟台海域次之，潍坊及滨州海域最低，如图 2-38 所示。

6）富营养化指数 E

2010—2017 年，潍坊及滨州近岸海域出现不同程度的富营养化，东营、威海、日照及烟台近岸海域的富营养化指数 $E \leqslant 1$，如图 2-39 所示。

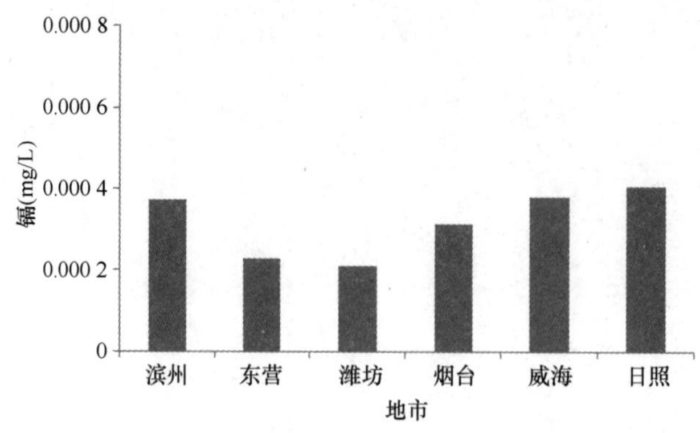

图 2-36　2010—2017 年山东省近岸海域海水中镉含量地域变化

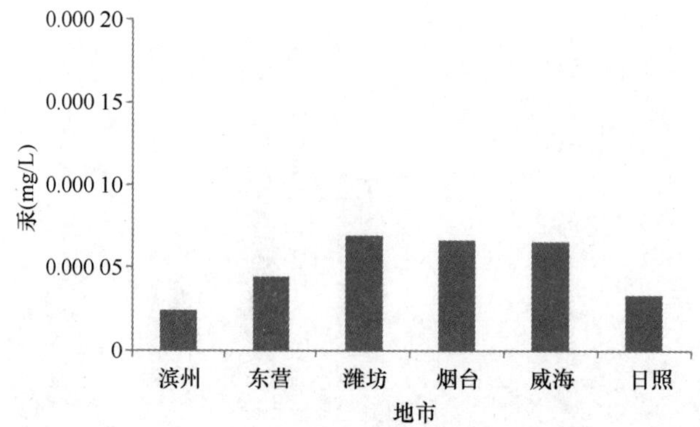

图 2-37　2010—2017 年山东省近岸海域海水中汞含量地域变化

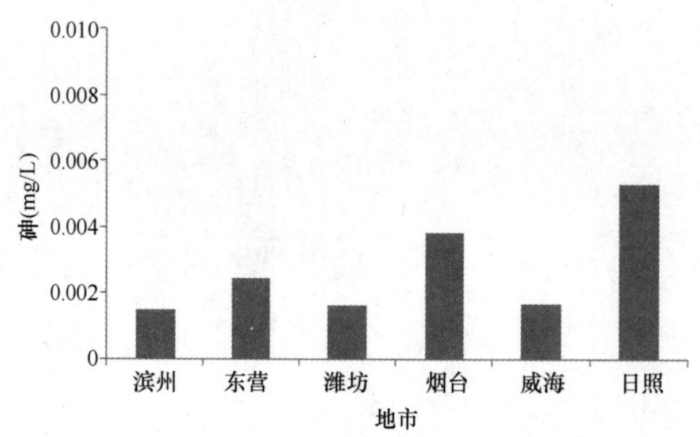

图 2-38　2010—2017 年山东省近岸海域海水中砷含量地域变化

2.3.2.2　沉积物环境

1）有机碳

2010—2017 年，有机碳含量空间分布如图 2-40 所示，东营海域沉积物中有机碳含量最高，潍坊海域最低。

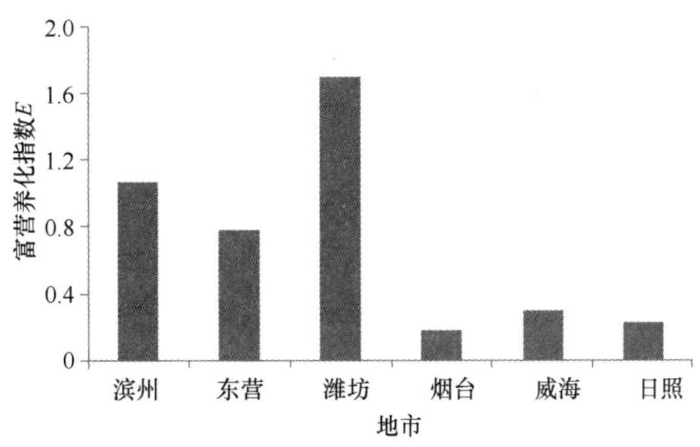

图 2-39　2010—2017 年山东省近岸海域海水富营养化指数地域变化

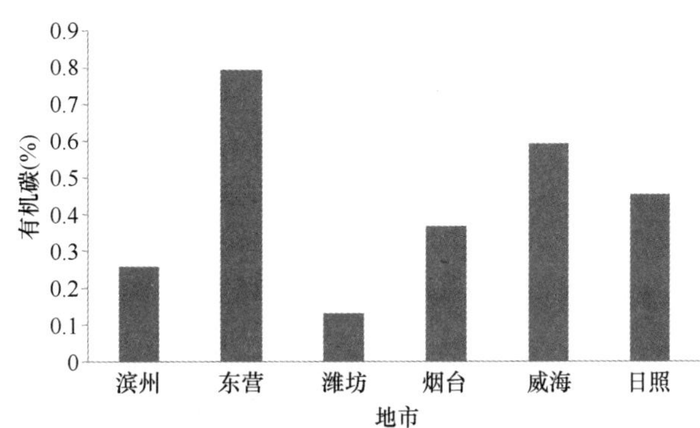

图 2-40　2010—2017 年山东省近岸海域沉积物中有机碳含量地域变化

2）硫化物

2010—2017 年，硫化物含量空间分布如图 2-41 所示，潍坊海域硫化物含量最低；威海及日照海域硫化物含量较高，其中，威海海域含量最高。

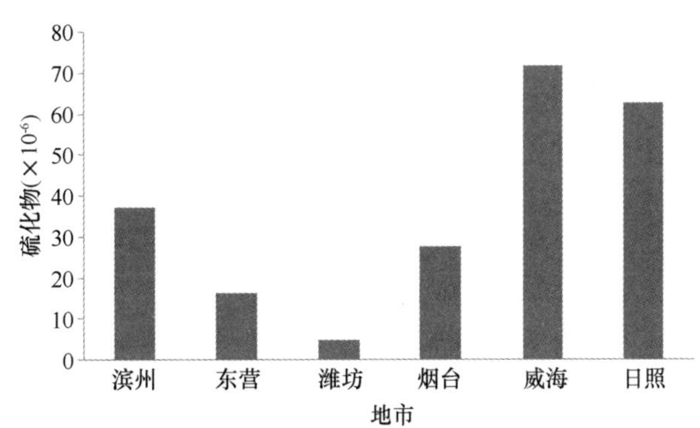

图 2-41　2010—2017 年山东省近岸海域沉积物中硫化物含量地域变化

3）石油类

2010—2017 年，石油类含量空间分布如图 2-42 所示，日照海域石油类含量最高，烟台、威海海域石油类含量较高，东营、滨州及潍坊海域石油类含量相对较低。

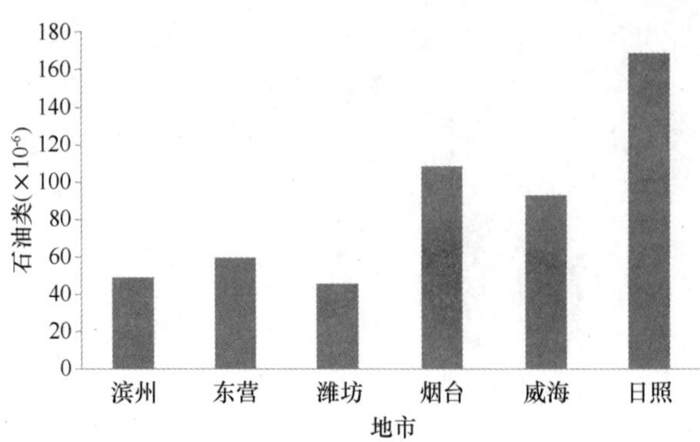

图 2-42　2010—2017 年山东省近岸海域沉积物中石油类含量地域变化

4）重金属类

（1）铜　2010—2017 年，铜含量空间分布如图 2-43 所示，烟台海域沉积物中铜含量最高，滨州海域铜含量最低。

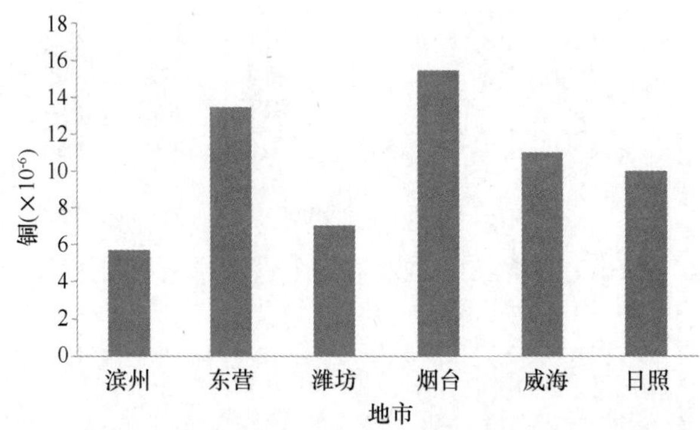

图 2-43　2010—2017 年山东省近岸海域沉积物中铜含量地域变化

（2）铅　2010—2017 年，铅含量空间分布如图 2-44 所示，烟台海域沉积物中铅含量最高，东营、威海海域铅含量基本持平且略低于烟台海域，潍坊海域铅含量最低。

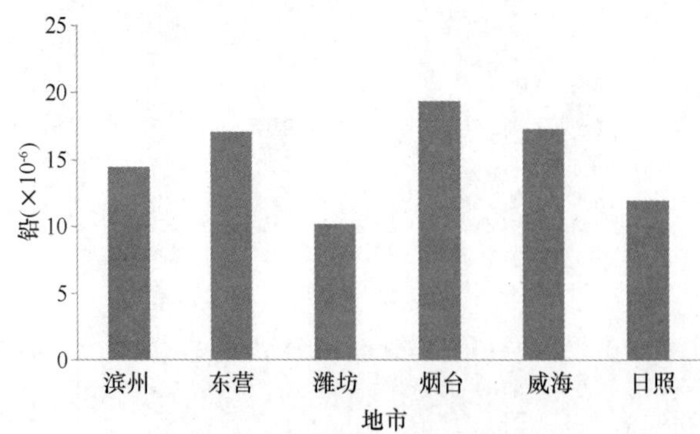

图 2-44　2010—2017 年山东省近岸海域沉积物中铅含量地域变化

（3）锌　2010—2017 年，锌含量空间分布如图 2-45 所示，东营海域沉积物中锌含量最高，烟台、威海海域锌含量略低于东营，滨州、潍坊及日照海域锌含量基本持平。

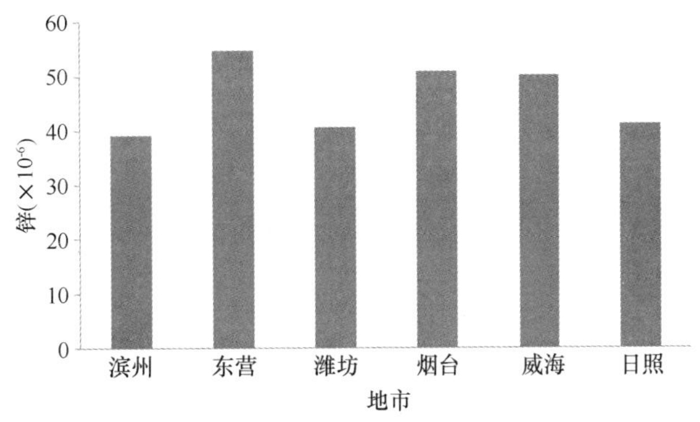

图 2-45　2010—2017 年山东省近岸海域沉积物中锌含量地域变化

（4）镉　2010—2017 年，镉含量空间分布如图 2-46 所示，滨州海域沉积物中镉含量最高，烟台海域镉含量次之，潍坊海域镉含量最低。

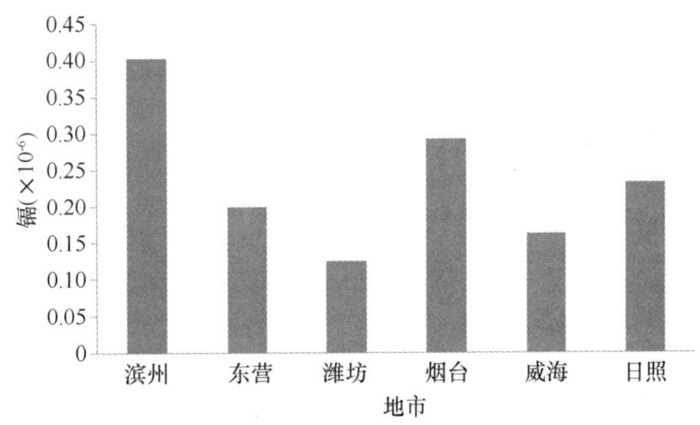

图 2-46　2010—2017 年山东省近岸海域沉积物中镉含量地域变化

（5）铬　2010—2017 年，铬含量空间分布如图 2-47 所示，东营、潍坊、烟台、威海、日照、滨州海域沉积物中铬含量依次降低。

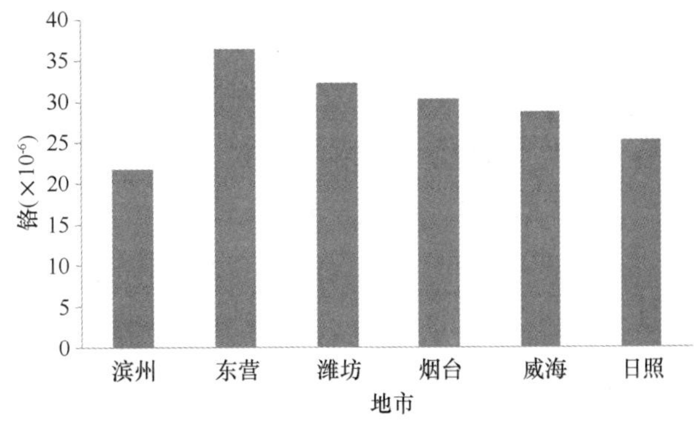

图 2-47　2010—2017 年山东省近岸海域沉积物中铬含量地域变化

（6）汞　2010—2017 年，汞含量空间分布如图 2-48 所示，潍坊海域沉积物中汞含量最高，滨州海域汞含量最低。

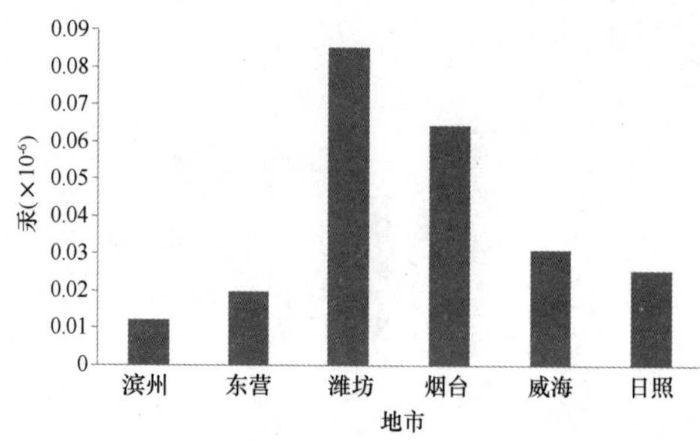

图 2-48　2010—2017 年山东省近岸海域沉积物中汞含量地域变化

（7）砷　2010—2017 年，砷含量空间分布如图 2-49 所示，滨州海域沉积物中砷含量最高，东营海域砷含量略低于滨州海域，潍坊、烟台、威海及日照海域砷含量基本持平。

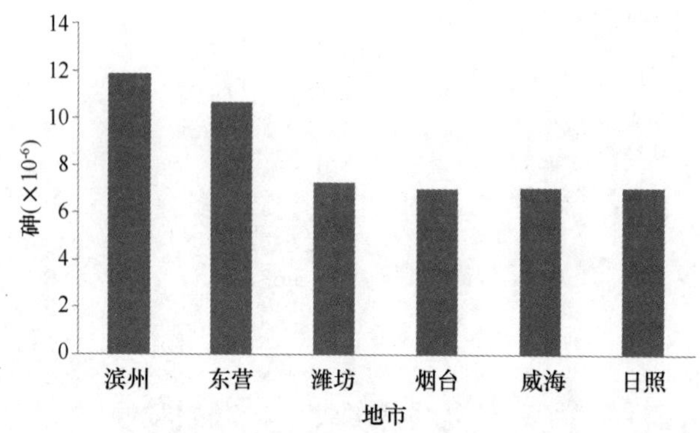

图 2-49　2010—2017 年山东省近岸海域沉积物中砷含量地域变化

2.4　重点海域环境质量解析

2.4.1　莱州湾

莱州湾是渤海三大海湾之一，位于渤海南部，山东半岛北部。莱州湾拥有 1 300 万亩（约 8 667 km^2）海域，面积约占渤海的 10%。莱州湾泥沙底质，海底平坦，饵料生物丰富，是多种海洋经济生物的产卵、索饵场，黄海、渤海水产资源群系的三大产卵场之一，被誉为渤海、黄海的“母亲湾”。

海洋生态环境监测结果显示：①水环境：无机氮是莱州湾最主要的超标物质，含量总体维持在较高水平，氮磷比失衡情况依然突出，莱州湾南部近岸海域尤其是小清河口邻近海域富营养化程度较重，有机污染指数较高；②沉积环境：硫化物、有机碳和石油类均符合一类海洋沉积物质量标准，健康指数均为 10，沉积环境总体较为稳定，质量较好；③生物生态：浮游生物及底栖生物群落健康指数依然较低，鱼卵及仔稚鱼数量较历史数据锐减。2010 年以来，莱州湾生态系统总体健康状况为亚健康。

2.4.1.1　水环境

20 世纪 90 年代至 2017 年莱州湾海域水质调查结果如图 2-50 所示，二类海水水质标准评价结果见表 2-6。

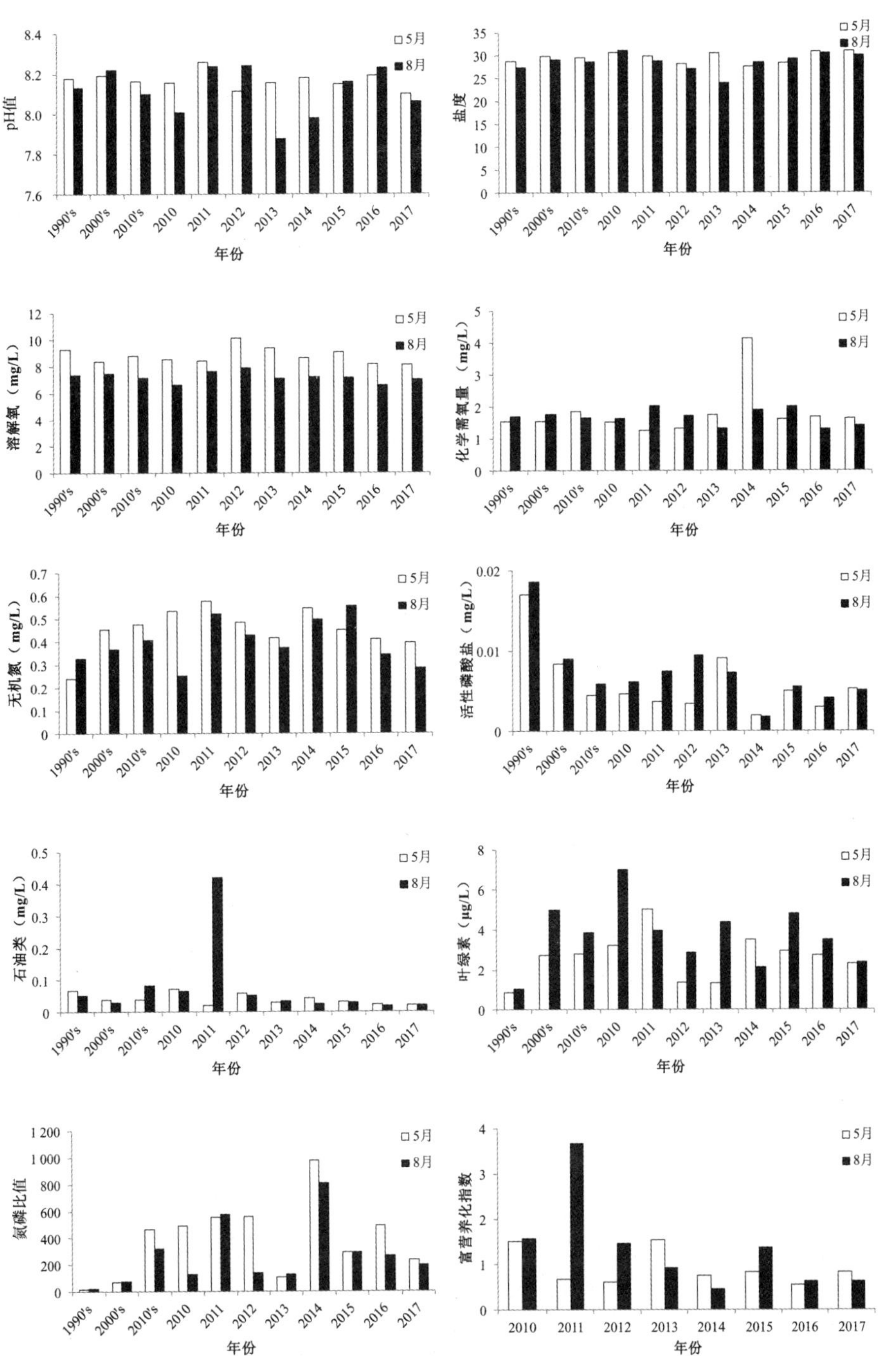

图 2-50　20 世纪 90 年代至 2017 年莱州湾海域水质调查结果

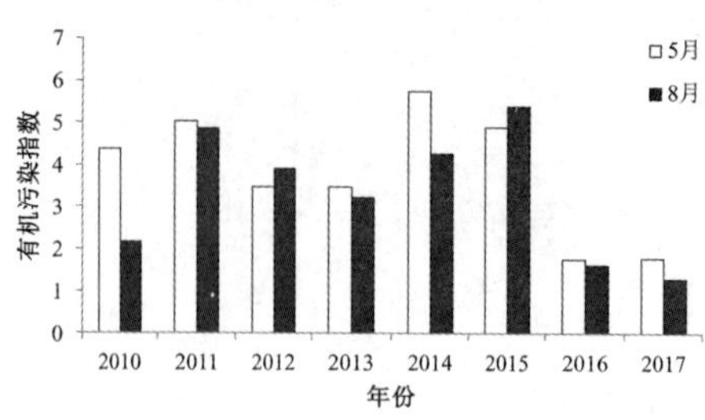

图 2-50（续） 20 世纪 90 年代至 2017 年莱州湾海域水质调查结果

表 2-6 20 世纪 90 年代至 2017 年莱州湾海域二类海水水质标准评价结果

项目 \ 时间	1990 年		2000 年		2010 年		2011 年		2012 年		2013 年		2014 年		2015 年		2016 年		2017 年	
	5 月	8 月	5 月	8 月	5 月	8 月	5 月	8 月	5 月	8 月	5 月	8 月	5 月	8 月	5 月	8 月	5 月	8 月	5 月	8 月
pH 值	符合	符合	符合	符合	符合	符合	符合	符合	符合	符合	符合	符合	符合	符合	符合	符合	符合	符合	符合	符合
溶解氧	符合	符合	符合	符合	符合	符合	符合	符合	符合	符合	符合	符合	符合	符合	符合	符合	符合	符合	符合	符合
化学需氧量	符合	符合	符合	符合	符合	符合	符合	符合	符合	符合	符合	符合	超标	符合	符合	符合	符合	符合	符合	符合
无机氮	符合	超标	超标	超标	超标	符合	超标	超标	超标	超标	超标	超标	超标	超标	超标	超标	超标	超标	超标	符合
活性磷酸盐	符合	符合	符合	符合	符合	符合	符合	符合	符合	符合	符合	符合	符合	符合	符合	符合	符合	符合	符合	符合
石油类	超标	超标	符合	符合	超标	超标	符合	超标	超标	超标	符合	符合	符合	符合	符合	符合	符合	符合	符合	符合

无机氮是莱州湾的主要超标物质，从 20 世纪 90 年代以来，无机氮呈现明显升高趋势，21 世纪监测结果明显高于 20 世纪 90 年代，2016 年以来有缓慢下降趋势，但总体维持在较高水平，多数年份均表现为 5 月无机氮含量高于 8 月；大部分年份的无机氮超出二类海水水质标准的要求。

石油烃是近岸海域的主要污染物之一，石油烃含有多种难以被微生物降解的致癌物质，其亲脂性使之易在海洋生物的脂肪内富集，并可通过食物链的传递直接危害人体健康。

石油类在 20 世纪 90 年代及 2010—2013 年含量普遍较高，超出二类海水水质标准，尤其是在 2011 年 8 月，石油类含量异常偏高，为四类水质，其中 20% 的站位为劣四类水质，这可能与 2011 年 6 月发生的 19-3 溢油事件有关，自 2011 年 8 月以后，石油类含量总体呈现下降的趋势。

活性磷酸盐从 20 世纪 90 年代以来下降明显，近几年维持在较低水平。因而导致氮磷比值逐年升高。调查海域无机氮丰富但无机磷缺乏，无机磷往往成为海域浮游植物生长的限制因子；氮磷比例远高于浮游植物正常生长需要的氮磷比例，氮磷比已经严重失调。活性磷酸盐在监测期内均符合二类海水水质标准。

化学需氧量除在 2014 年 5 月超二类海水水质标准外，其他时段均保持稳定，无超标现象。pH 值、硫化物、溶解氧、叶绿素在监测期内保持稳定，pH 值、溶解氧均符合第二类海水水质标准。

富营养化是莱州湾的一个突出问题，尤其在小清河口邻近海域，富营养化水平普遍偏高。海水中磷不足，氮污染较重，是莱州湾的环境特点之一。受无机氮升高、活性磷酸盐降低趋势影响，近几年莱州湾海域氮磷比失衡情况突出，远远高于我国近海平均水平，高于大洋海水 10 倍以上（大洋氮磷比约为16 : 1），且呈逐年增加的趋势，莱州湾净营养盐收支总体呈磷减少而氮增加的趋势。控制氮磷比失衡是减轻富营养化危害，降低赤潮发生风险的重要途径。有机污染指数总体维持在轻度污染到严重污染之间，总体呈现先升高后下降的趋势，2016 年以来有机污染程度有所下降，污染严重区域主要集中在小清河口邻近海域。

2.4.1.2　沉积环境

沉积环境监测结果显示，莱州湾海域内沉积物中硫化物、有机碳和石油类总体符合《海洋沉积物质量》（GB-18668）一类标准值，沉积环境质量较好。图 2-51 所示为 20 世纪 90 年代至 2017 年莱州湾海域沉积物调查结果。

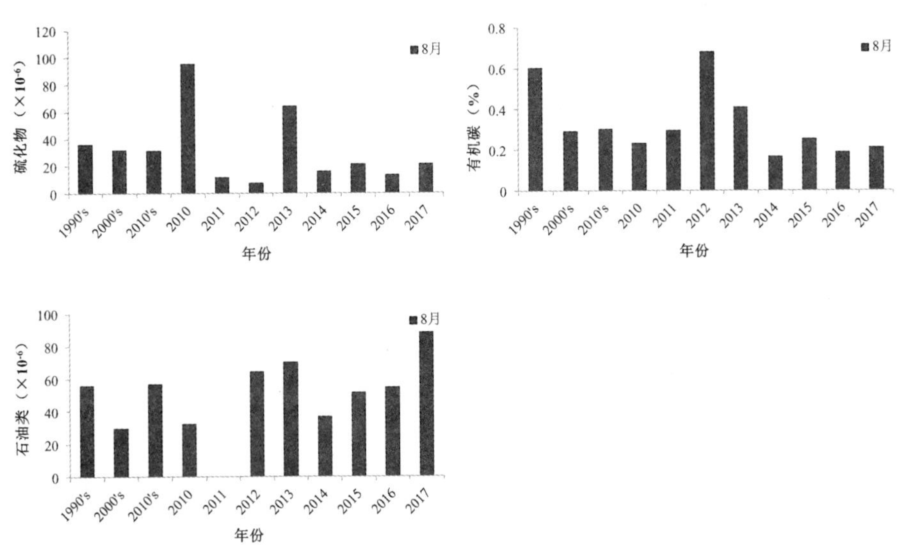

图 2-51　20 世纪 90 年代至 2017 年莱州湾海域沉积物调查结果

2.4.1.3　生物群落

1）浮游植物

浮游植物是海洋食物链的基础环节，浮游植物随波逐流的生活方式，使其对栖息的生境中的各种环境因子有着较强的依赖性。浮游植物的种类组成特点和数量分布等生态特征，在一定程度上反映了海域生态环境的基本特征。通过分析 2010—2017 年连续 8 年莱州湾海域网采浮游植物种类组成、数量分布和生物多样性变化规律（图 2-52），为莱州湾浅海养殖业的合理开发、环境治理和修复提供基础数据。

监测结果显示，浮游植物种类数在 2012 年 8 月达到最高值，其余年份略低，浮游植物的种类数呈现明显的季节变化，8 月的种类数明显高于 5 月，8 月水温较高，降水丰富，携带大量营养物质的淡水涌入莱州湾，促进了浮游植物的大量繁殖。从种类组成看（图 2-53、表 2-7），浮游植物的种类组成总体未发生明显变化，硅藻仍占据绝对优势地位，甲藻则随着时间的推移呈现明显的波动。浮游植物的优势种呈现较为明显的变化，不同年份的优势种变化很大，旋链角毛藻和中肋骨条藻为莱州湾主要的优势种，其他优势种在不同年际间的波动较大。

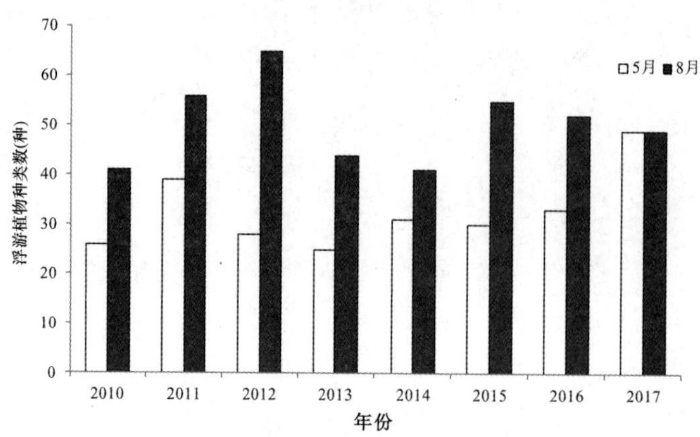

图 2-52　2010—2017 年莱州湾海域浮游植物种类数年度变化

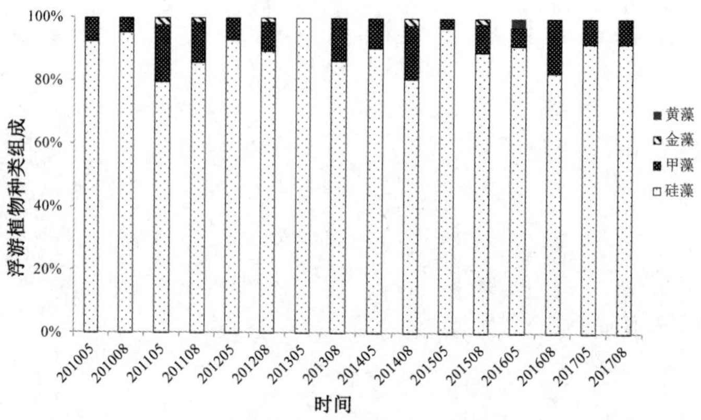

图 2-53　2010—2017 年莱州湾海域浮游植物种类组成

表 2-7　2010—2017 年莱州湾海域浮游植物优势种变迁

优势种类	2010 年	2011 年	2012 年	2013 年	2014 年	2015 年	2016 年	2017 年
旋链角毛藻		+	+	+	+		+	
中肋骨条藻	+	+	+				+	
角毛藻		+						
具槽直链藻	+		+					
劳氏角毛藻		+			+			
斯氏根管藻		+			+			
细弱圆筛藻	+	+						
夜光藻	+	+				+		
圆筛藻		+		+				
舟形藻			+	+				
柏氏角管藻	+							
布氏双尾藻	+						+	
大洋角管藻		+						+

续表 2-7

优势种类	2010 年	2011 年	2012 年	2013 年	2014 年	2015 年	2016 年	2017 年
短柄曲壳藻			+					
佛氏海毛藻					+			
辐杆藻属					+			
辐射圆筛藻				+			+	
高盒形藻		+						
角毛藻属					+	+		
卡氏角毛藻					+	+		
冕孢角毛藻				+		+	+	
拟弯角毛藻				+				
拟旋链角毛藻			+					
琼氏圆筛藻			+					
柔弱几内亚藻				+				
柔弱角毛藻		+						
透明辐杆藻		+						
小环藻			+					
印度翼根管藻		+						
窄隙角毛藻			+					
长菱形藻				+				
丹麦细柱藻						+	+	
羽纹藻属						+		
斯氏几内亚藻							+	+
伏氏海线藻							+	
尖刺伪菱形藻								+

如图 2-54 所示，浮游植物的密度在 2013 年 8 月出现明显的峰值，主要是由于拟弯角毛藻大量繁殖，而其他种类密度相对较低，亦致使 2013 年 8 月浮游植物多样性指数明显低于其他年份同期水平，其他年份浮游植物的密度维持在较为稳定的状态。莱州湾浮游植物多样性指数总体维持在 1. 5~2. 5 之间，不同年际间的波动较为明显。

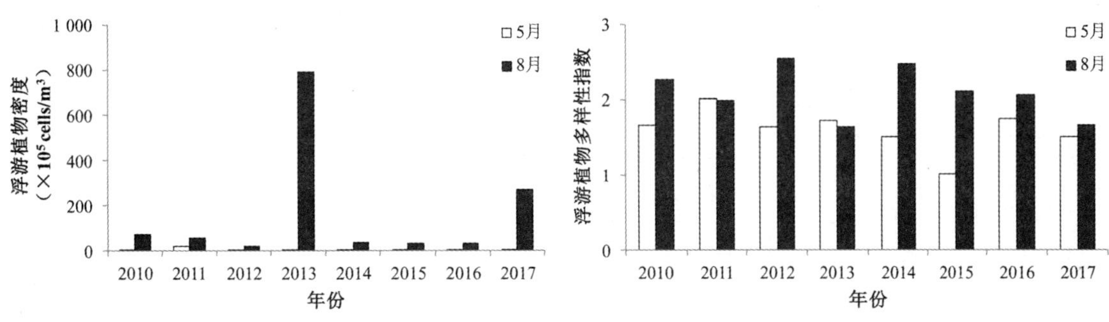

图 2-54　2010—2017 年莱州湾海域浮游植物密度和多样性指数变化

2）浮游动物

利用2010—2017年莱州湾浮游动物及环境参数的监测调查数据，分析浮游动物的种群结构、分布特征、多样性指数的变化，旨在为莱州湾生态环境评价与渔业资源修复提供基础资料。

监测结果显示（图2-55、图2-56、表2-8），浮游动物种类数总体呈现下降的趋势，8月种类明显高于5月，且下降趋势较5月明显。浮游动物的种类组成以桡足类和浮游幼虫为主，其他种类不同年际间波动较为剧烈，这可能与近年来莱州湾水温持续升高，氮磷比失衡逐渐加剧有关。浮游动物优势种年际间的变化较浮游植物稳定，强壮箭虫、长尾类幼体、中华哲水蚤、双刺纺锤水蚤、小拟哲水蚤、背针胸刺水蚤等是较为普遍的优势种。

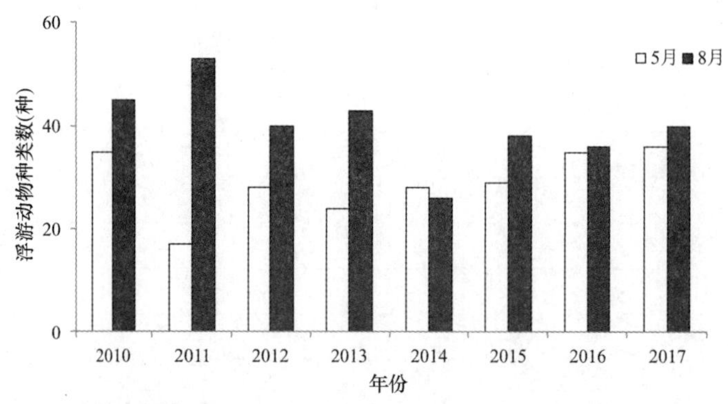

图2-55 2010—2017年莱州湾海域浮游动物种类

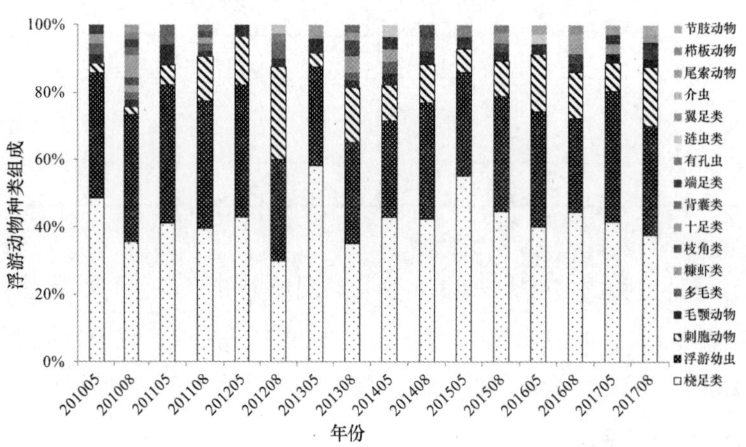

图2-56 2010—2017年莱州湾海域浮游动物种类组成

表2-8 2010—2017年莱州湾海域浮游动物优势种类变迁

优势种类	2010年	2011年	2012年	2013年	2014年	2015年	2016年	2017年
强壮箭虫	+	+	+	+	+	+	+	
长尾类幼体	+	+	+	+	+	+	+	
背针胸刺水蚤		+	+	+	+	+		
短角长腹剑水蚤	+	+	+	+				

续表 2-8

优势种类	2010 年	2011 年	2012 年	2013 年	2014 年	2015 年	2016 年	2017 年
短尾类幼体	+	+	+		+			
双刺纺锤水蚤		+	+	+	+			
中华哲水蚤	+	+	+	+		+	+	
强额拟哲水蚤		+	+	+				
小拟哲水蚤	+			+	+	+		+
克氏纺锤水蚤		+		+				
墨氏胸刺水蚤		+		+				
双壳类壳顶幼虫		+		+				
太平洋纺锤水蚤		+		+		+	+	+
汤氏长足水蚤				+	+			
阿利玛幼体					+			
斑芮氏水母					+			
刺尾歪水蚤				+				
肥胖三角溞				+				
拟长腹剑水蚤					+	+		+
桡足类幼体					+	+		
无节幼体		+						
锡兰和平水母			+					
虾卵			+					
夜光虫	+							
真刺唇角水蚤	+							
洪氏纺锤水蚤							+	+
腹针胸刺水蚤							+	

浮游动物密度呈现出先下降后上升的趋势，生物量也表现出相同的变化趋势。2014 年 5 月生物量偏高主要是由于此时的水螅水母类（斑芮氏水母）数量较多引起的，水螅水母类的含水量较高，明显提高了浮游动物的总生物量。与浮游动物密度变化趋势相反，浮游动物多样性指数则表现出先升高后下降的趋势，8 月浮游动物多样性指数明显高于 5 月（图 2-57）。

3）底栖生物

底栖生物种类数较为丰富且呈现出较为稳定的趋势，不同年际间种类组成较为稳定，多毛类、软体动物和节肢动物是莱州湾底栖生物的主要类群，寡节甘吻沙蚕、凸壳肌蛤、小头虫是莱州湾较为常见的优势种，其他优势种不同年际间变化较大（图 2-58、图 2-59、表 2-9）。

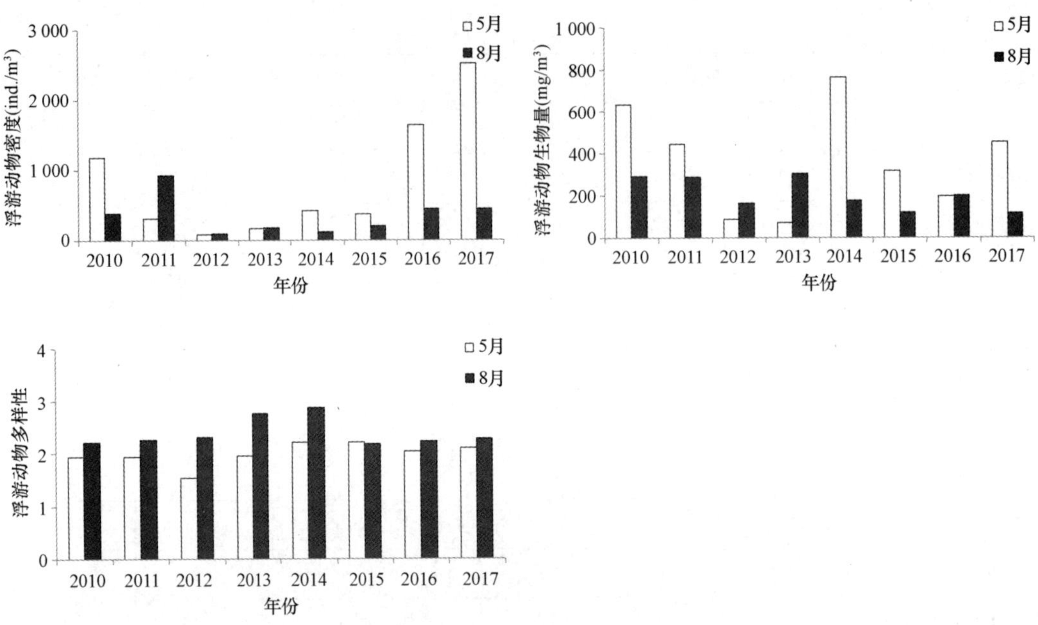

图 2-57 2010—2017 年莱州湾海域浮游动物年度统计

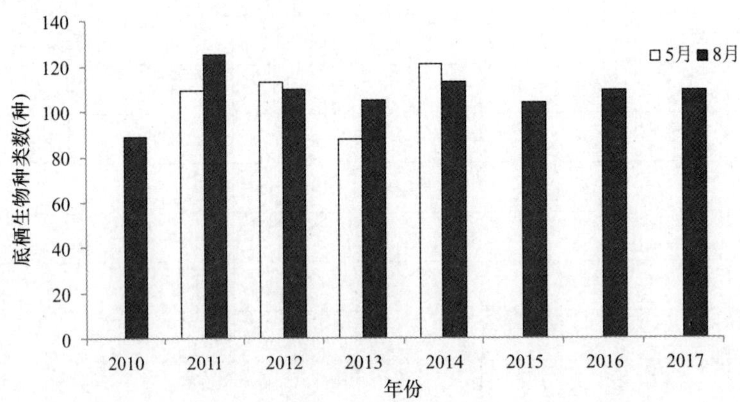

图 2-58 2010—2017 年莱州湾海域底栖生物种类数年度变化

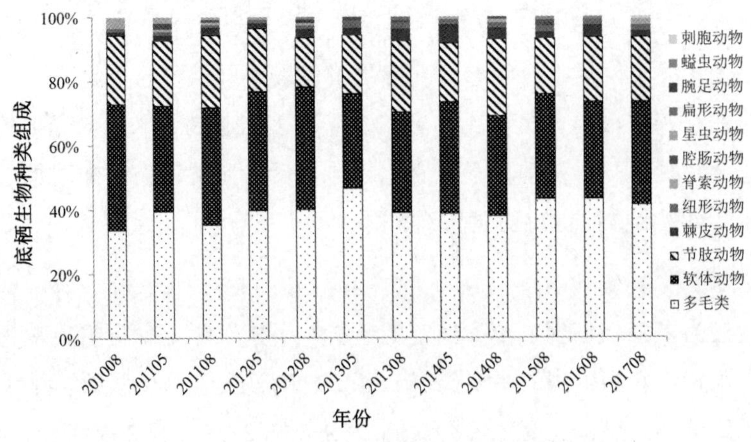

图 2-59 2010—2017 年莱州湾海域底栖生物种类组成

表 2-9　2010—2017 年莱州湾海域底栖生物优势种类变迁

优势种类	2010 年	2011 年	2012 年	2013 年	2014 年	2015 年	2016 年	2017 年
小头虫	+	+	+	+				
凸壳肌蛤		+	+	+	+			+
紫壳阿文蛤	+	+	+					
寡节甘吻沙蚕			+	+	+			
钩虾亚目			+	+				
变肢虫亚目			+	+				
稚齿虫					+			
丝异须虫					+	+		
日本中磷虫			+					
昆士兰稚齿虫			+					
江户明樱蛤			+					
寡鳃齿吻沙蚕					+			
寡节甘沙蚕		+						
钩虾类		+						
独指虫					+		+	
薄荚蛏		+						
心形海胆						+	+	+
彩虹明樱蛤							+	

底栖生物的密度呈现下降的变化趋势，而生物量则呈现上升趋势，底栖生物多样性指数范围维持在2~3之间，且呈逐渐升高的变化趋势，其群落结构稳定性不断加强（图 2-60）。

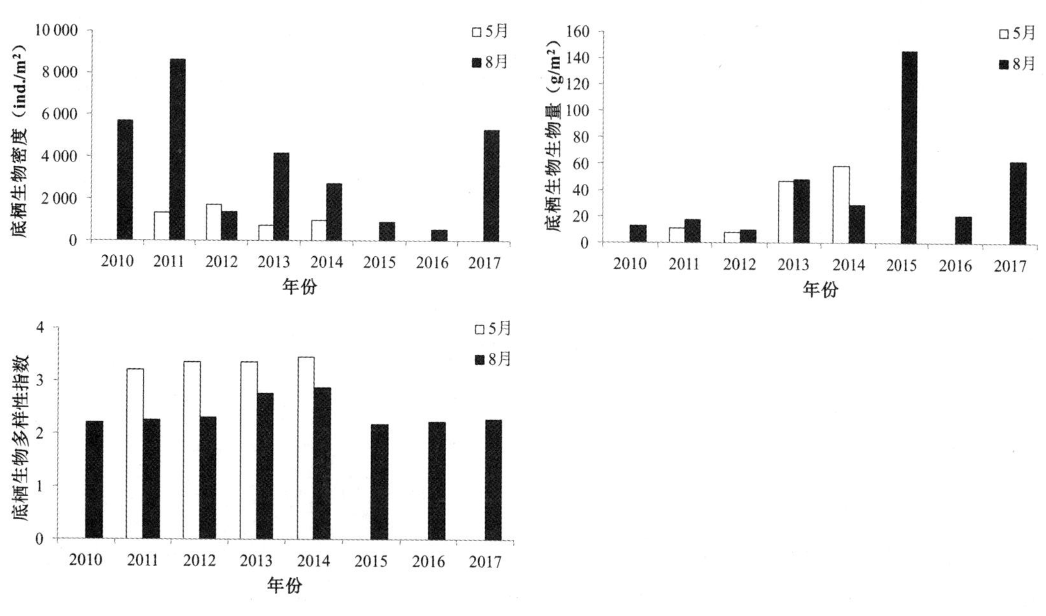

图 2-60　2010—2017 年莱州湾海域底栖生物年度统计

2.4.1.4 生态系统健康评价

2011 年莱州湾水环境健康指数较低，其他年份基本维持在 13 以上。生物群落健康指数较低，均在 20 以下，生物密度异常波动是造成指数偏低的主要原因。莱州湾沉积环境质量较好，未见超标物质。莱州湾生态系统综合健康指数范围为 61. 6~67. 3，健康水平为亚健康（表 2-10）。

表 2-10　2010—2017 年莱州湾海域生态系统健康指数

年份	健康指数					
	水环境	沉积物	生物群落	栖息地	生物质量	综合健康指数
2010	13. 6	10. 0	18. 8	15. 0	10	67. 3
2011	11. 8	10. 0	17. 8	15. 0	10	64. 7
2012	13. 1	10. 0	13. 5	15. 0	10	61. 6
2013	13. 1	10. 0	17. 0	15. 0	10	65. 1
2014	13. 3	10. 0	16. 8	15. 0	10	65. 2
2015	13. 0	10. 0	18. 2	15. 0	9. 2	65. 4
2016	13. 8	10. 0	18. 8	15. 0	7. 2	64. 8
2017	14. 2	10. 0	19. 1	15. 0	7. 3	65. 6

2.4.1.5 主要生态问题

莱州湾是重要的海水养殖区，也是渤海多种经济鱼虾类的产卵场。黄河、小清河、胶莱河等 10 余条河流在此入海，为莱州湾带来大量营养物质；同时河流径流量的变化以及河水的污染问题也直接影响着莱州湾产卵场的理化环境。2010 年以来，莱州湾近岸海水部分指标（如石油类）略有好转，而总体环境状况未见明显改善，氮磷比失衡现象依然存在，有机污染在河口邻近海域较为明显；围填海工程项目不断增加，自然岸带保护形势严峻，生物群落健康指数依然偏低。主要生态问题如下。

1）入海河流影响显著，水域局部有机污染和富营养化较重

陆源污染是莱州湾的主要污染源，陆源污染物主要是通过径流进入莱州湾。黄河和小清河是莱州湾主要的陆源污染物来源。据统计，莱州湾海域每年受纳陆源污水 2 亿多吨，占全省沿岸污水排放量的 11%左右，受纳海上污染物质 10 万多吨，大量的污水排入莱州湾，引起有机污染和局部富营养化。

20 世纪 90 年代以来，无机氮是莱州湾最主要的超标物质，含量总体维持在较高水平，高值区主要出现在小清河口邻近海域。无机氮升高的同时，磷酸盐的含量却不断降低，导致氮磷比失衡现象逐年加重，较高的无机氮和氮磷比极易诱发赤潮、水母等灾害的发生。莱州湾底西部河口区尤其小清河口附近海域富营养化和有机污染显著。莱州湾近岸海域有机污染较重，多数站位为严重污染等级（$A>4$）。

2）开发利用活动强，岸线变化明显

莱州湾沿岸地区经济的快速发展，使莱州湾地区（特别是莱州市）自然岸带资源严重缩减，过度

开发利用对邻近海域水文、环境质量造成一定影响。20 世纪 80 年代，莱州湾沿岸主要为盐田虾池岸线和自然岸线，人类活动相对较弱；至 2002 年盐田虾池岸线增加 58.5 km，自然岸线减少 81 km；至 2017 年，各类型岸线均变化较大，盐田虾池岸线持续增加，港口岸线和围填海岸线显著增长，自然岸线明显缩短。不同用海方式中，底播养殖主要分布在莱州湾的西部和南部，筏式养殖主要分布在莱州湾的东部和南部，围海养殖主要分布在莱州湾的东南部和南部的近岸，盐业用海主要分布在莱州湾的南部近岸。海岸线变化导致海岸水动力系统变化剧烈，大大减弱了海洋的环境承载力；生物多样性降低。鱼卵仔鱼资源逐年减少，鱼类的产卵场和索饵场遭到破坏，渔业资源难以延续。

3）鱼类产卵数量偏低，鱼类资源衰退明显

近年来，鱼卵和仔稚鱼数量一直处于较低水平，与 20 世纪 80 年代相比均大幅度降低。鱼卵仔稚鱼数量和产卵场改变可能是导致鱼类资源大幅度下降的直接原因。此外，鱼类资源结构发生改变，导致优势种发生改变。自 20 世纪以来，鱼卵仔稚鱼优势种均以鳀鱼（*Engraulis japonicus*）为主，但近几年同期优势种均变为斑鰶（*Konosirus punctatus*），优势种的改变导致其他相关鱼类产卵索饵路线的改变，特别是以鳀鱼（*Engraulis japonicus*）为饵料的蓝点马鲛（*Scomberomorus niphonius*）和鲐鱼（*Pneumatophorus japonicus*）等鱼卵数量大幅度减少。

2.4.2　黄河口

黄河源于青藏高原巴颜喀拉山，干流河道全长 5 464 km，贯穿 9 个省、自治区。年径流量 $574\times10^8\ m^3$，平均径流深度 77 mm。黄河是影响莱州湾的主要河流，在莱州湾的西北部入海，每年为渤海带来了大量的淡水、泥沙以及生源物质。黄河口海域生物资源丰富，是多种经济鱼、虾、蟹、贝类的主要产卵场和索饵场，莱州湾周年都有鱼、虾、蟹、贝产卵，产卵盛期为 5 月下旬到 6 月下旬，在渔业资源繁衍上占有重要地位；黄河口漫长、弯曲、平坦的海岸滩涂，是发展浅海养殖业的优良场所；黄河口及附近海域是重要渔场和海水增养殖区，属于海洋生态环境敏感区，须加以重点保护。

2010—2017 年连续 8 年海洋生态环境监测结果显示：①水环境：无机氮是黄河口海域最主要的超标物质，含量总体维持在较高水平，氮磷比失衡情况依然突出，海域富营养化程度普遍较高，有机污染指数总体呈现先升高后下降的趋势；②沉积环境：硫化物、有机碳和石油类均符合海洋沉积物质量一类标准，健康指数均为 10，沉积环境总体较为稳定，质量较好；③生物生态：浮游生物及底栖生物群落健康指数较低，鱼卵及仔稚鱼数量明显低于历史数据。2010 年以来，黄河口海域生态系统总体健康状况为亚健康。

2.4.2.1　水环境

无机氮是黄河口的主要超标物质，近几年无机氮含量总体维持在较高水平，但整体趋势是降低的。2013 年和 2014 年 8 月含量低于 5 月，其他年份 8 月含量高于 5 月。石油类含量在 2010 年、2011 年、2013 年和 2014 年存在超标现象，在 2015—2017 年，较其他年份下降趋势明显。pH 值、溶解氧、化学需氧量和活性磷酸盐在监测期内均符合二类海水水质标准。

2011—2013 年，黄河口富营养化现象较为严重，富营养化水平普遍偏高。受无机氮含量较高的影响，黄河口海域氮磷比失衡情况突出，较为严重的情况出现在 2010 年 8 月和 2014 年。有机污染指数基本维持在“开始受到污染”级别，2011 年 8 月出现中度污染现象，总体呈现先升高后下降的趋势。

表 2-11 所示为 2010—2017 年黄河口海域二类海水水质情况。

表 2-11　2010—2017 年黄河口海域二类海水水质标准评价结果

项目 \ 时间	2010 年		2011 年		2012 年		2013 年		2014 年		2015 年		2016 年		2017 年	
	5 月	8 月	5 月	8 月	5 月	8 月	5 月	8 月	5 月	8 月	5 月	8 月	5 月	8 月	5 月	8 月
pH 值	符合	符合	符合	符合	符合	符合	符合	符合	符合	符合	符合	符合	符合	符合	符合	符合
溶解氧	符合	符合	符合	符合	符合	符合	符合	符合	符合	符合	符合	符合	符合	符合	符合	符合
化学需氧量	符合	符合	符合	符合	符合	符合	符合	符合	符合	符合	符合	符合	符合	符合	符合	符合
无机氮	超标	超标	超标	超标	超标	超标	超标	超标	超标	符合	超标	超标	超标	超标	超标	超标
活性磷酸盐	符合	符合	符合	符合	符合	符合	符合	符合	符合	符合	符合	符合	符合	符合	符合	符合
石油类	超标	符合	超标	符合	符合	符合	超标	符合	符合	超标	符合	符合	符合	符合	符合	符合

2.4.2.2　沉积环境

2010—2017 年，黄河口海域内沉积物中硫化物、有机碳和石油类总体符合《海洋沉积物质量》（GB-18668）一类标准值，沉积环境质量较好（图 2-61、图 2-62）。

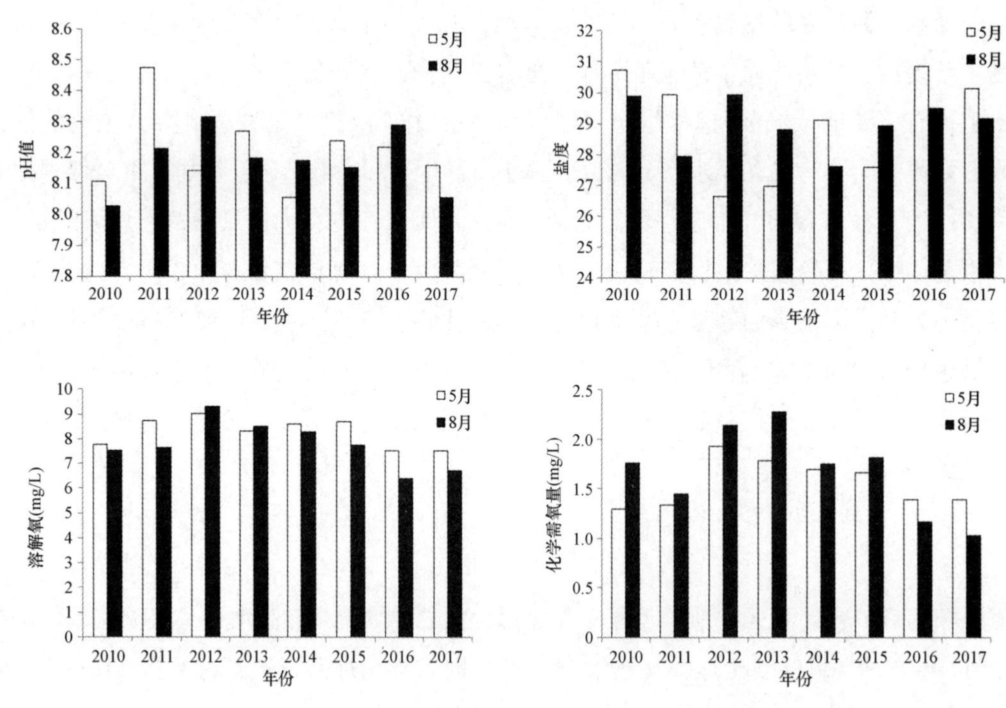

图 2-61　2010—2017 年黄河口海域水质调查结果

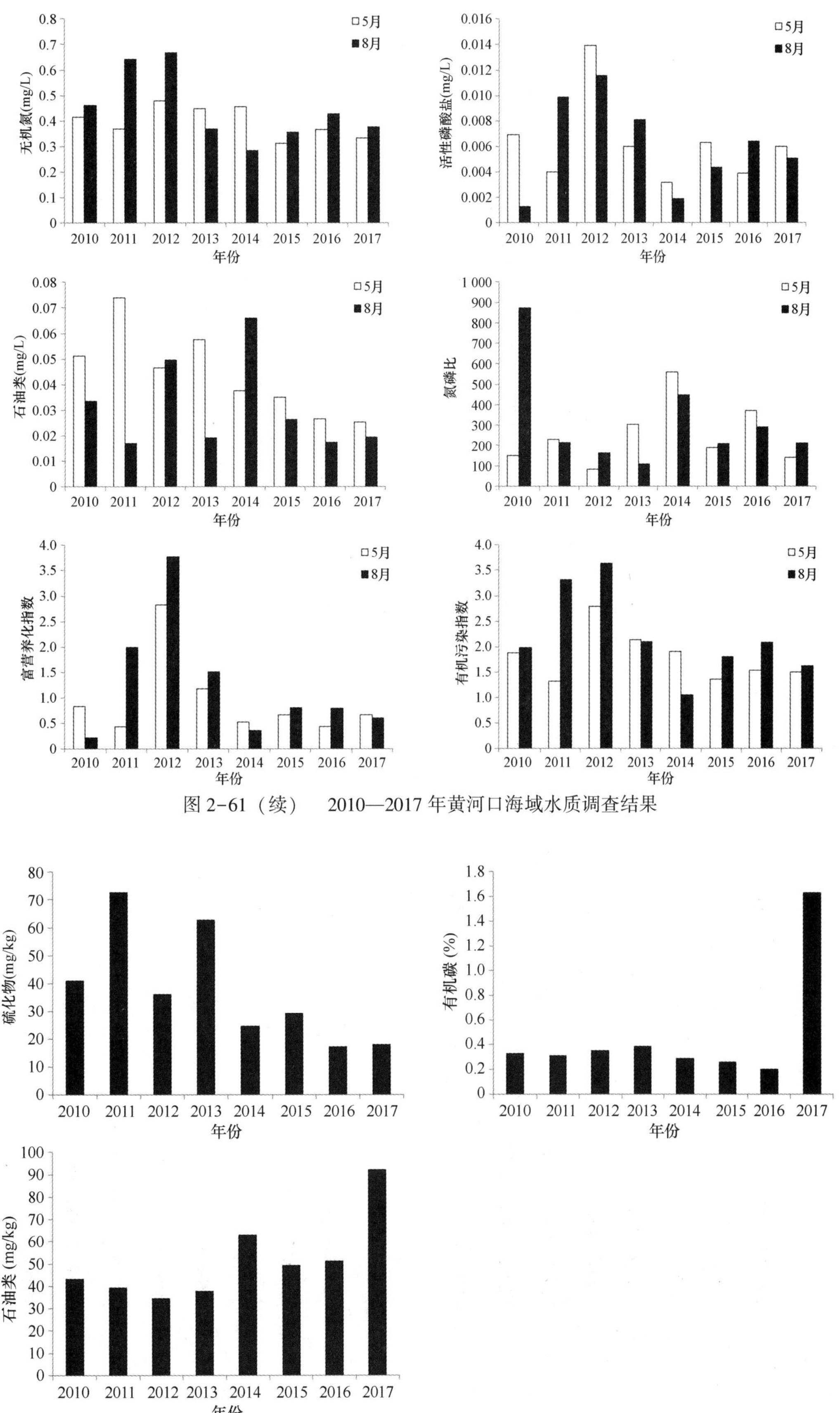

图 2-61（续）　2010—2017 年黄河口海域水质调查结果

图 2-62　2010—2017 年黄河口海域沉积物调查结果

2.4.2.3 生物群落

1）叶绿素 a

2010—2017 年，5 月海水叶绿素 a 变化范围为 1.92~4.42 μg/L，平均为 3.37 μg/L，8 月变化范围为 1.61~4.59 μg/L，平均为 3.08 μg/L。叶绿素 a 含量最高值出现在 2010 年 8 月，最低值出现在 2017 年 8 月，其含量变化总体呈下降趋势（图 2-63）。

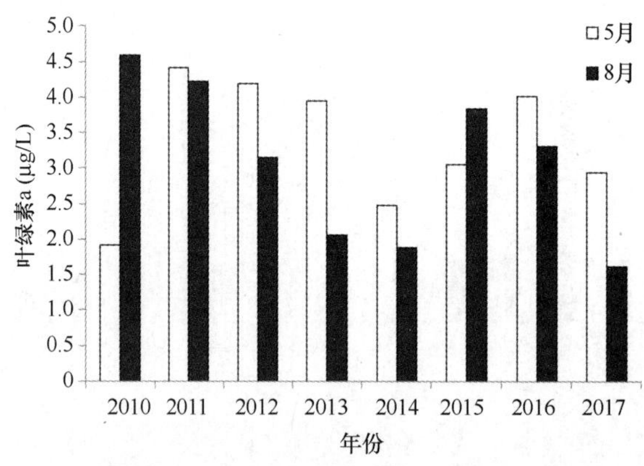

图 2-63　2010—2017 年黄河口海域叶绿素 a 平均值变化趋势

2）浮游植物

2010—2017 年黄河口海域浮游植物各指标变化趋势如图 2-64 所示。

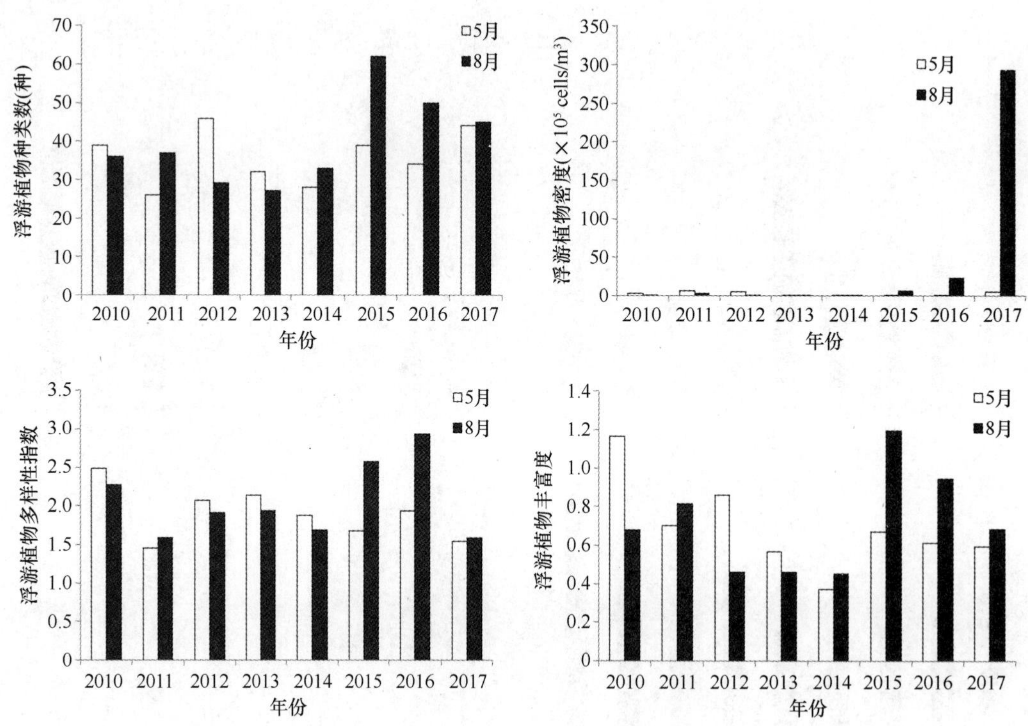

图 2-64　2010—2017 年黄河口海域浮游植物各指标变化趋势

（1）种类数

2010—2017 年，浮游植物种类数，5 月的范围为 26～46 种，平均为 36 种，8 月的范围为 27～62 种，平均为 40 种。其中，物种种类数最大值出现在 2015 年 8 月，最小值出现在 2011 年 5 月。

（2）密度

2010—2017 年，浮游植物密度，5 月的范围为 0.41×10^5～6.73×10^5 cells/m^3，平均为 2.95×10^5 cells/m^3，8 月的范围为 0.19×10^5～293.16×10^5 cells/m^3，平均为 41.10×10^5 cells/m^3。其中，密度最大值出现在 2017 年 8 月，最小值出现在 2010 年 8 月和 2012 年 8 月。

（3）多样性指数

2010—2017 年，浮游植物多样性指数，5 月的范围为 1.450～2.480，平均为 1.899，8 月的范围为 1.584～2.938，平均为 2.063。其中，多样性指数最高值出现在 2016 年 8 月，最低值出现在 2011 年 5 月。

（4）丰富度

2010—2017 年，浮游植物丰富度，5 月的范围为 0.373～1.165，平均为 0.694，8 月的范围为 0.451～1.194，平均为 0.712。其中，丰富度最高值出现在 2015 年 8 月，最低值出现在 2014 年 5 月。

3）浮游动物

2010—2017 年黄河口浮游动物各指标变化趋势如图 2-65 所示。

（1）种类数

2010—2017 年，5 月浮游动物种类数范围为 28～43 种（类），平均为 37 种（类），8 月的范围为 24～50 种（类），平均为 39 种（类）。其中，物种种类数最大值出现在 2017 年 8 月，最小值出现在 2011 年 8 月。

（2）密度

2010—2017 年，浮游动物密度，5 月的范围为 0.13×10^3～57.87×10^3 ind./m^3，平均为 12.55×10^3 ind./m^3，8 月的范围为 0.06×10^3～17.53×10^3 ind./m^3，平均为 4.46×10^3 ind./m^3。其中，密度最大值出现在 2015 年 5 月，最小值出现在 2012 年 8 月。

（3）生物量

2010—2017 年，浮游动物生物量，5 月的范围为 95.0～4 687.4 mg/m^3，平均为 1 761.5 mg/m^3，8 月的范围为 106.6～10 429.5 mg/m^3，平均为 2 154.1 mg/m^3。其中，物种生物量最大值出现在 2011 年 8 月，最小值出现在 2012 年 5 月。

（4）多样性指数

2010—2017 年，浮游动物多样性指数，5 月的范围为 1.280～2.369，平均为 1.914，8 月的范围为 1.772～2.863，平均为 2.347。其中，多样性指数最高值出现在 2014 年 8 月，最低值出现在 2016 年 5 月。

（5）丰富度

2010—2017 年，浮游动物丰富度，5 月的范围为 1.398～2.569，平均为 1.999，8 月的范围为 1.844～3.156，平均为 2.467。其中，丰富度最高值出现在 2012 年 8 月，最低值出现在 2015 年 5 月。

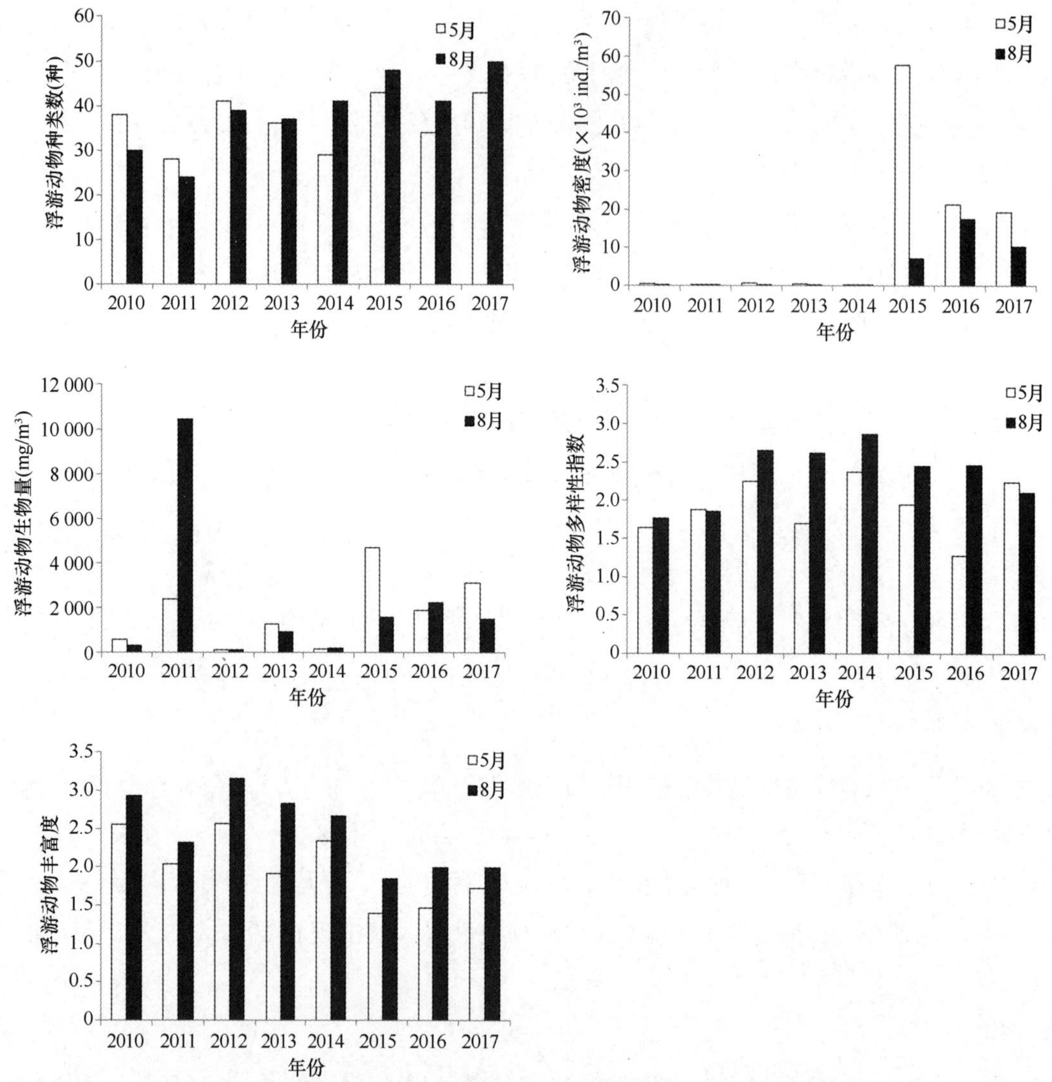

图 2-65　2010—2017 年黄河口海域浮游动物各指标变化趋势

4）底栖生物

2010—2017 年黄河口海域底栖生物各指标变化趋势如图 2-66 所示。

（1）种类数

2010—2017 年，底栖生物种类数范围为 67～88 种（类），平均为 78 种（类）。其中，物种种类数最大值出现在 2015 年，最小值出现在 2014 年。

（2）密度

2010—2017 年，底栖生物密度范围为 0.17×10^3～9.49×10^3 ind./m^2，平均为 3.14×10^3 ind./m^2。其中，密度最大值出现在 2017 年，最小值出现在 2013 年。

（3）生物量

2010—2017 年，底栖生物生物量范围为 3.35～92.39 g/m^2，平均为 20.59 g/m^2。其中，物种生物量最大值出现在 2015 年，最小值出现在 2014 年。

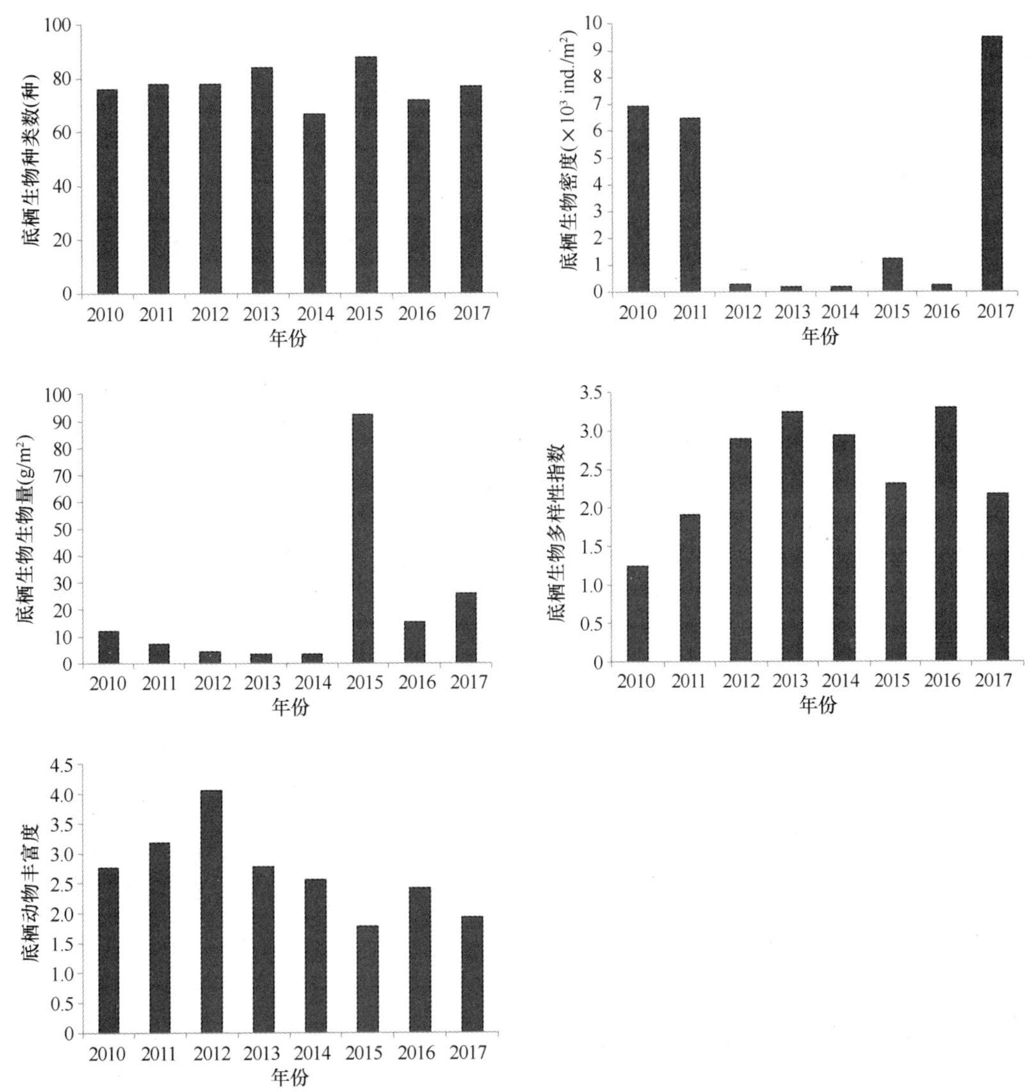

图2-66　2010—2017年黄河口海域底栖生物各指标变化趋势

（4）多样性指数

2010—2017年，底栖生物多样性指数范围为1.243~3.308，平均为2.508。其中，多样性指数最高值出现在2016年，最低值出现在2010年。

（5）丰富度

2010—2017年，底栖生物丰富度指数范围为1.786~4.053，平均为2.685。其中，丰富度最高值出现在2012年，最低值出现在2015年。

2.4.2.4　生态系统健康评价

2012年黄河口水环境健康指数较低，其他年份基本维持在13及以上；生物群落健康指数较低，除2011年、2015年和2016年，其他年份均在20以下，生物密度异常波动是造成指数偏低的主要原因；黄河口沉积环境质量较好，未见超标物质。黄河口生态系统综合健康指数范围为59.8~78.0，平均为 67.4，健康水平为亚健康，其中 2016 年为健康（表 2-12）。

表 2-12　2010—2017 年黄河口海域生态系统健康评价

年份	健康指数						生态系统健康评价
	水环境	沉积物	生物群落	栖息地	生物质量	综合健康指数	
2010	13.1	10.0	16.7	15.0	10.0	64.8	亚健康
2011	13.2	10.0	21.2	15.0	10.0	69.4	亚健康
2012	12.6	10.0	12.2	15.0	10.0	59.8	亚健康
2013	13.4	10.0	14.5	15.0	10.0	62.9	亚健康
2014	13.5	10.0	19.6	15.0	10.0	68.1	亚健康
2015	13.0	10.0	22.0	15.0	10.0	70.0	亚健康
2016	13.0	10.0	30.0	15.0	10.0	78.0	健康
2017	13.0	10.0	18.0	15.0	10.0	66.0	亚健康

注：栖息地健康指数赋值时，因为资料不全，按照最大值 15 进行赋值计算。

2.4.2.5　存在的问题

1）陆源输入量大，氮磷比值失衡显著

氮磷值的升高对海水富营养化起决定性作用。2010 年以来，监测结果表明，海水富营养化较严重，有机污染出现轻度和中度污染情况。浮游植物按照一定的比例吸收营养盐，研究认为氮磷摩尔比为 16∶1，这个比值一般可用来评价现场水域的氮限制或磷限制状况。目前，随着经济的快速发展和人类生活水平的提高，每年大量的生活污水、工业废水排放入海，污水来源广，成分复杂，且含有大量的有机物，成为海域开始受到有机污染及引起无机氮浓度升高的原因之一，导致海洋环境富营养化，使得营养盐结构平衡被破坏，生态环境逐渐恶化，造成浮游植物群落结构的变化和藻种的演替现象，使得初级生产力下降。

2）鱼类产卵数量偏低，鱼类资源衰退明显

2010 年以来，鱼卵仔稚鱼数量明显下降。从 2012 年起，鱼卵仔稚鱼数量一直处于较低水平。根据历史资料，6 月为监测海域产卵盛期，鱼卵仔稚鱼密度最高。而鱼卵仔稚鱼的降低可能不仅与黄河口调水调沙带来大量悬浮物、淡水等有关，还可能与调水调沙期间水质富营养化和有机污染严重有一定的联系。

2.4.3　渤海湾南部

渤海湾南部，位于山东半岛北部，黄河入海口西北部，主要海域为滨州与东营北部近海，划有滨州贝壳堤岛及黄河口生态特别保护区等重要的海洋自然/特别保护区。

海洋生态环境监测结果显示：①水环境：无机氮是渤海湾南部最主要的超标物质，含量总体维持在较高水平，氮磷比失衡情况较为突出，渤海湾南部近岸海域尤其是小清河口邻近海域富营养化程度较重，有机污染指数较高；②沉积环境：硫化物和石油类均符合海洋沉积物质量一类标准，有机碳基本符合海洋沉积物质量一类标准（除 2017 年外），沉积环境总体较为稳定，质量较好；③生物生态：

浮游生物及底栖生物群落较为稳定。2015—2017 年，渤海湾南部生态系统总体状况稳定。

2.4.3.1　水环境

2015—2017 年监测结果显示（表 2-13、图 2-67），无机氮是渤海湾南部的主要超标物质，2015 年以来有缓慢下降趋势，但总体维持在较高水平，8 月含量较 5 月普遍偏高，2015 年、2017 年无机氮含量超出二类海水水质标准的要求。

渤海湾南部石油类含量 2015—2017 年呈下降趋势，符合二类海水水质标准。

活性磷酸盐自 2015 年以来维持在较低水平，因而导致氮磷比值较高，渤海湾南部无机氮丰富但无机磷缺乏，无机磷成为浮游植物生长的限制因子，氮磷比远高于浮游植物正常生长需要的氮磷比例。活性磷酸盐在 2015—2017 年内均符合二类海水水质标准。

化学需氧量在 2015—2017 年间均符合二类海水水质标准，保持稳定，无超标现象。

pH 值、硫化物、溶解氧、叶绿素在监测期内保持稳定，pH 值、溶解氧均符合二类海水水质标准。

渤海湾南部的富营养化水平较低，富营养化指数 E 均小于 1，且呈逐年下降的趋势，继续控制氮磷比失衡，可以减轻富营养化危害，降低赤潮发生的风险。有机污染指数 A 是评价水质有机污染风险的重要因素，2015—2017 年渤海湾南部有机污染指数 A 介于 1~2 之间，总体维持在开始受到污染水平，污染风险较低。

表 2-13　2015—2017 年渤海湾南部海域二类海水水质标准评价结果

项目＼时间	2015 年		2016 年		2017 年	
	5 月	8 月	5 月	8 月	5 月	8 月
pH 值	符合	符合	符合	符合	符合	符合
溶解氧	符合	符合	符合	符合	符合	符合
化学需氧量	符合	符合	符合	符合	符合	符合
无机氮	超标	超标	符合	符合	超标	超标
活性磷酸盐	符合	符合	符合	符合	符合	符合
石油类	符合	符合	符合	符合	符合	符合

2.4.3.2　沉积环境

沉积环境监测结果显示（图 2-68），渤海湾南部海域内沉积物中硫化物和石油类均符合《海洋沉积物质量》（GB-18668）一类标准值，2017 年沉积物中有机碳超过一类标准值，符合二类标准值，沉积环境质量总体较好。

2.4.3.3　生物群落

1）浮游植物

通过对 2015—2017 年间渤海湾南部海域网采浮游植物种类组成、数量分布和生物多样性变化规律的分析，为渤海湾南部浅海养殖业的合理开发、环境治理和修复提供基础数据（图 2-69、图 2-70）。

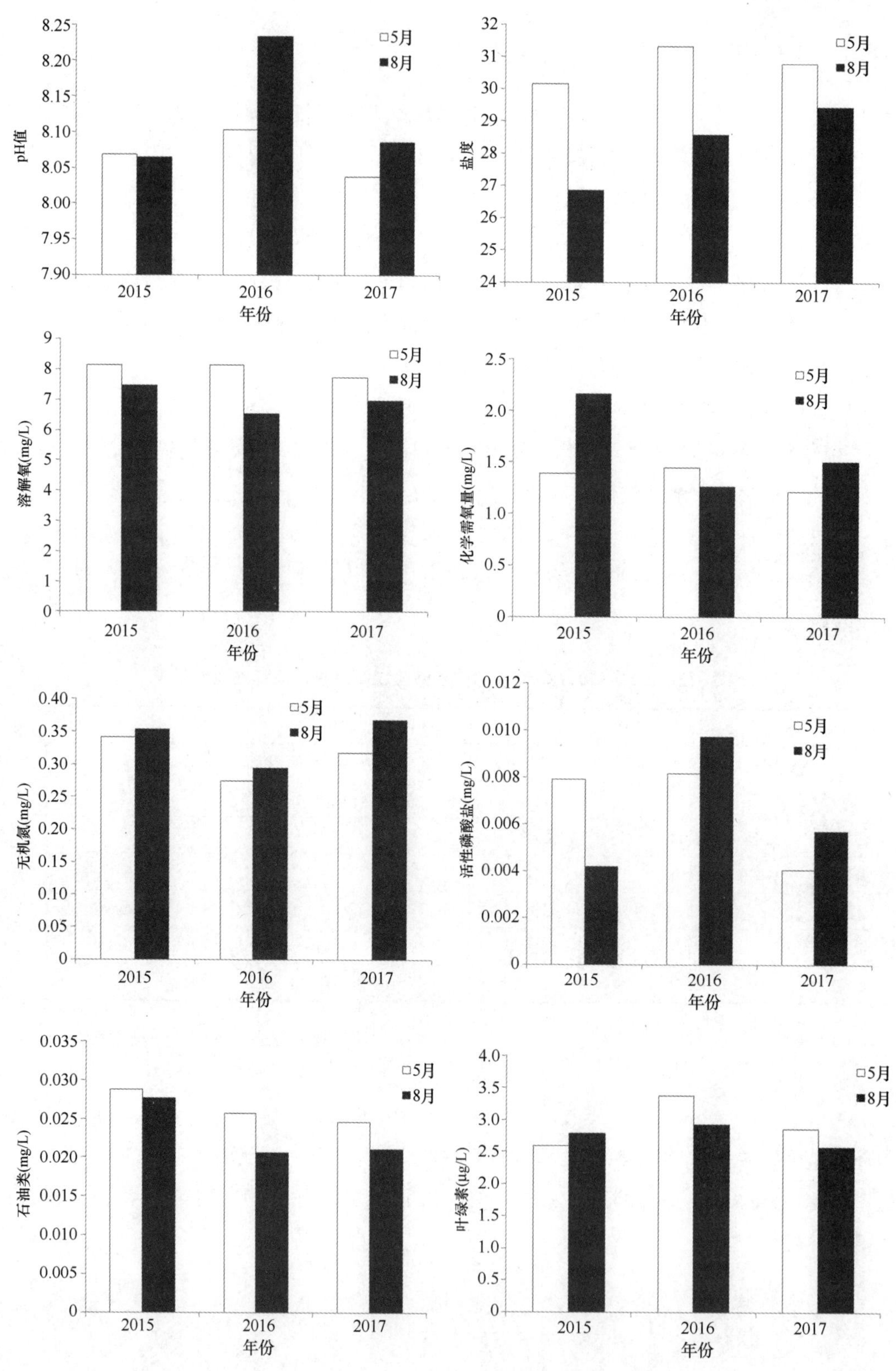

图 2-67　2015—2017 年渤海湾南部海域水质调查结果

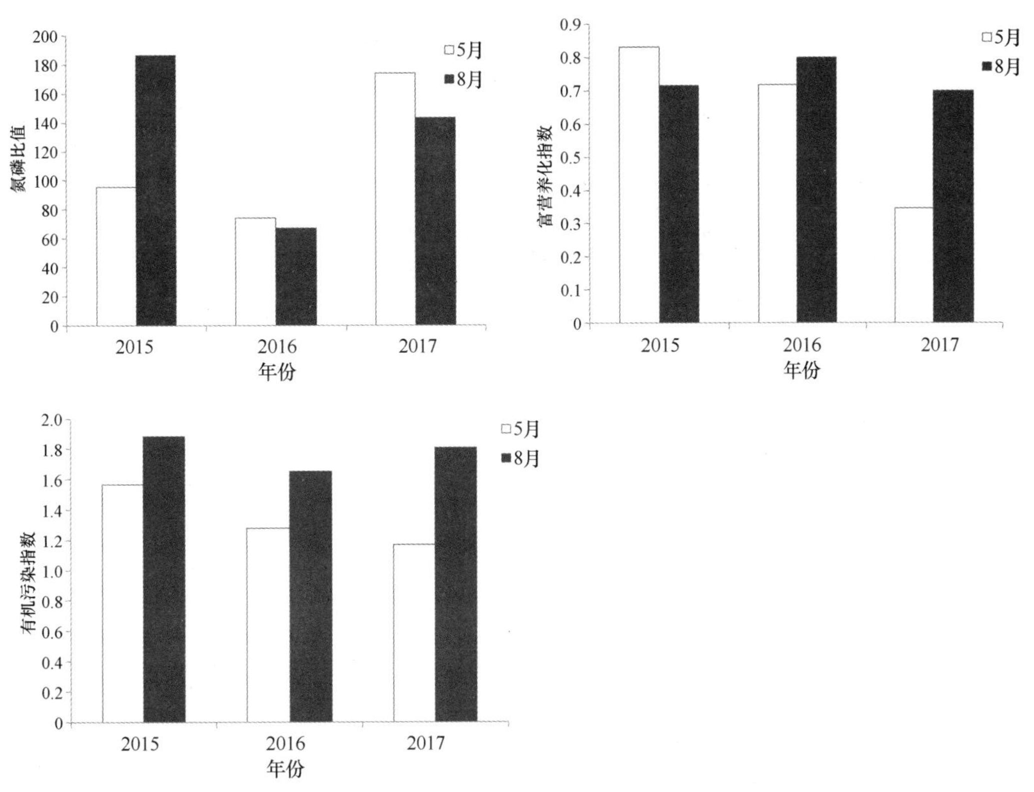

图 2-67（续）　2015—2017 年渤海湾南部海域水质调查结果

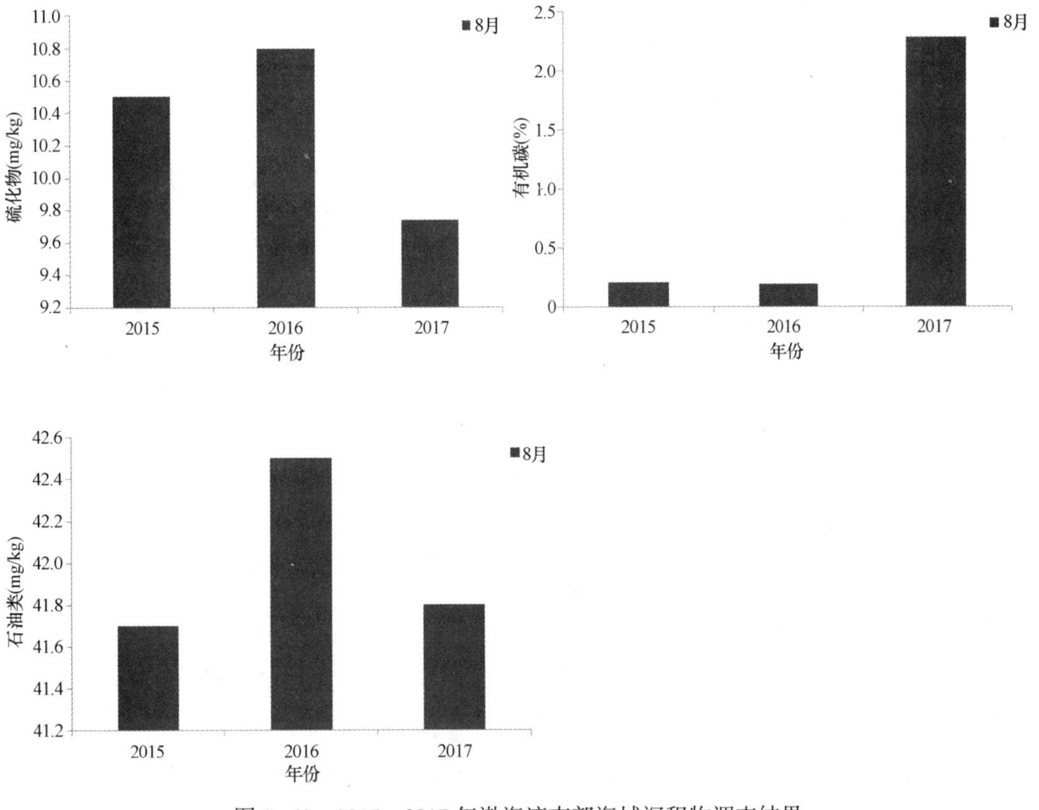

图 2-68　2015—2017 年渤海湾南部海域沉积物调查结果

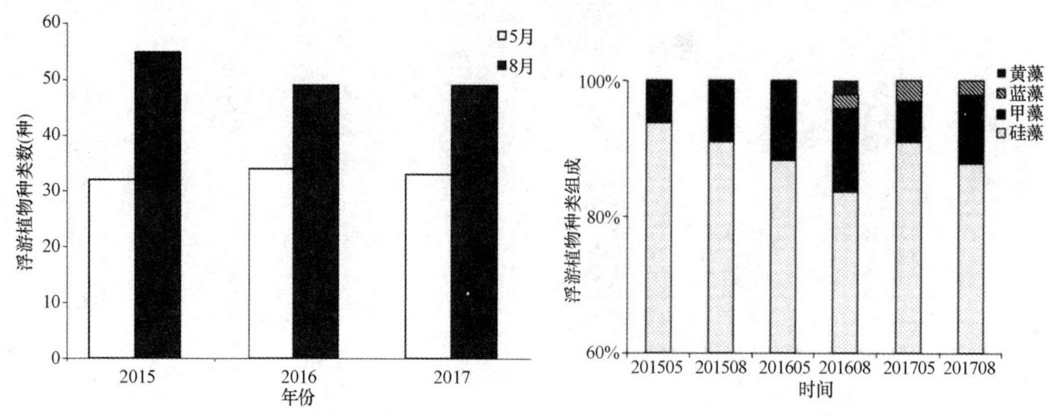

图 2-69　2015—2017 年渤海湾南部海域浮游植物种类及组成

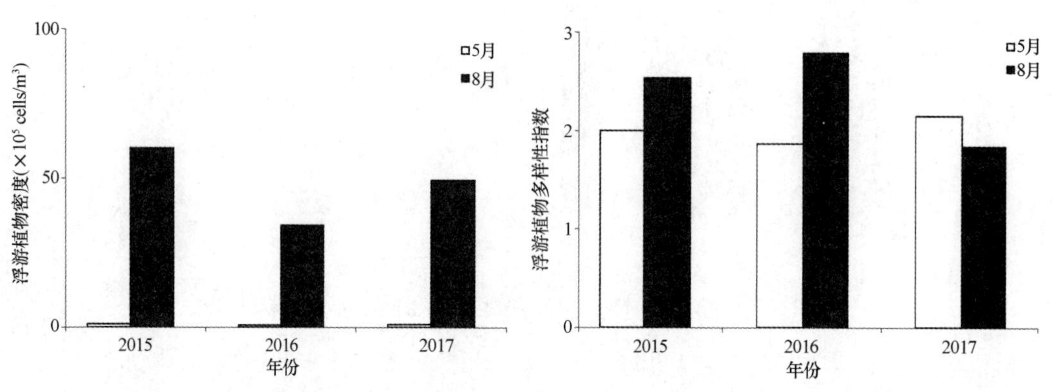

图 2-70　2015—2017 年渤海湾南部海域浮游植物统计

监测结果显示，浮游植物种类数在 3 年间呈下降趋势，浮游植物的种类数呈现明显的季节变化，8 月的种类数明显高于 5 月，8 月水温较高，降水丰富，携带大量营养物质的淡水涌入渤海湾南部，促进了浮游植物的大量繁殖。从种类组成看，浮游植物的种类组成总体未发生明显变化，硅藻仍占据绝对优势地位，甲藻则随着时间的推移呈现明显的波动。浮游植物的优势种呈现较为明显的变化，不同年份的优势种变化很大，旋链角毛藻和中肋骨条藻为渤海湾南部主要的优势种，其他优势种在不同年际间的波动较大。

浮游植物的密度在此期间较为稳定，浮游植物多样性指数总体维持在 1.5～2.5 之间，波动不明显。

2）浮游动物

监测结果显示（图 2-71、图 2-72），浮游动物种类数总体稳定，8 月种类明显高于 5 月。浮游动物的种类组成以桡足类和浮游幼虫为主，其他种类不同年际间变化较为明显，这可能与近年来渤海湾南部氮磷比失衡有关。浮游动物优势种年际间的变化较浮游植物稳定，强壮箭虫、长尾类幼体、中华哲水蚤、双刺纺锤水蚤、小拟哲水蚤、背针胸刺水蚤等是较为普遍的优势种。

浮游动物密度呈现出先下降后上升的趋势，生物量也表现出相同的变化趋势。与浮游动物密度变化趋势不同，浮游动物多样性指数则表现较为稳定，8 月浮游动物多样性指数明显高于 5 月。

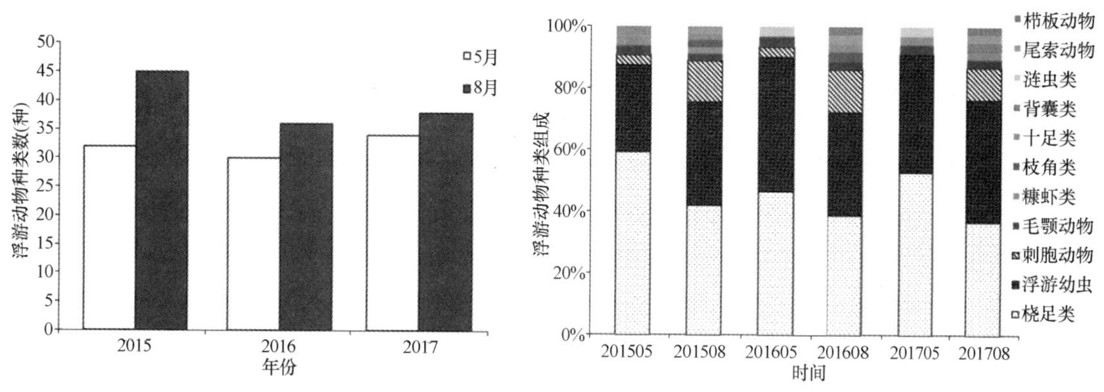

图 2-71　2015—2017 年渤海湾南部海域浮游动物种类及组成

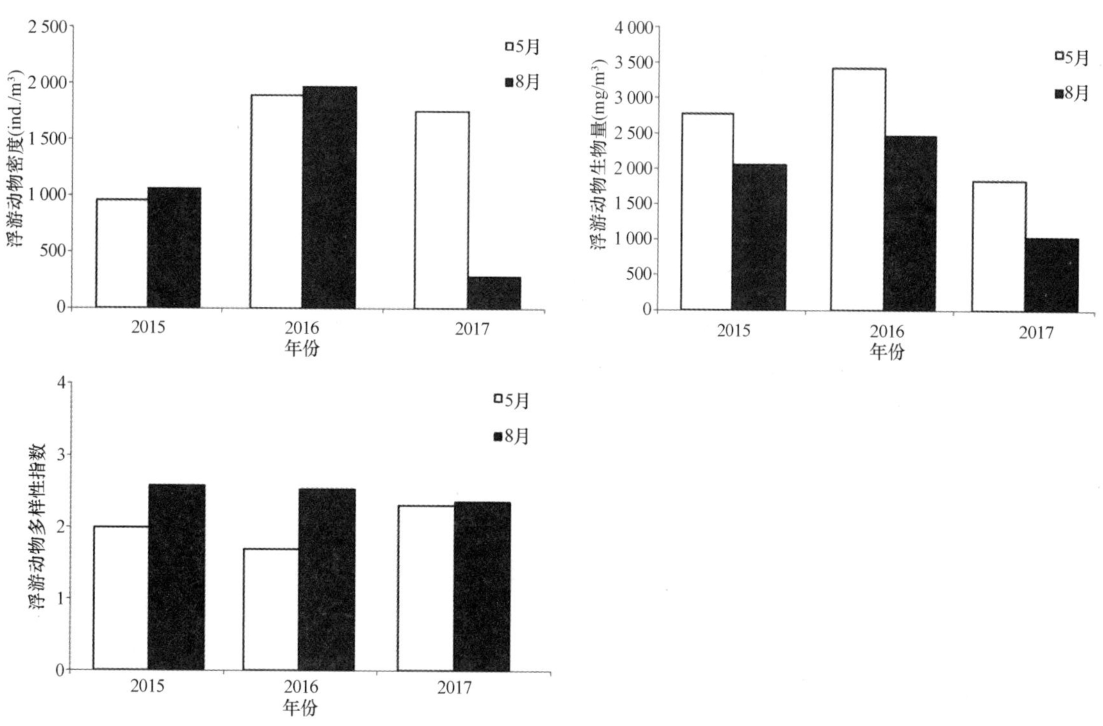

图 2-72　2015—2017 年渤海湾南部海域浮游动物统计

3）底栖生物

监测结果显示（图 2-73、图 2-74），底栖生物种类数较为丰富且呈现较为稳定的趋势，不同年际间种类组成较为稳定，软体动物和环节动物是渤海湾南部底栖生物的主要类群，彩虹明樱蛤、凸壳肌蛤是渤海湾南部较为常见的优势种，其他优势种不同年际间变化较大。

底栖生物的密度呈现先下降后上升的变化趋势，与生物量变化趋势相同，底栖生物多样性指数范围维持在 2~3 之间，且呈逐渐下降的变化趋势。

2.4.3.4　主要生态问题

渤海湾南部是重要的海水养殖区和海洋自然保护区，2015 年以来，渤海湾南部近岸海域总体环境

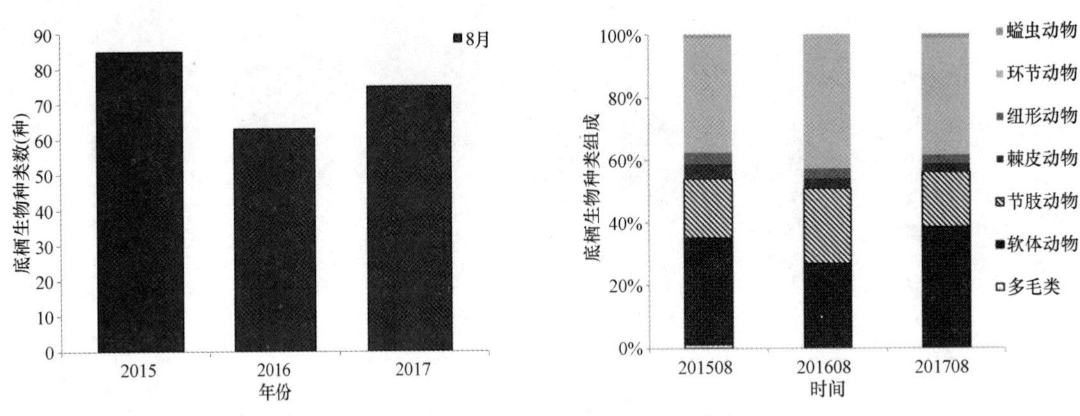

图 2-73　2015—2017 年渤海湾南部海域底栖生物种类及组成

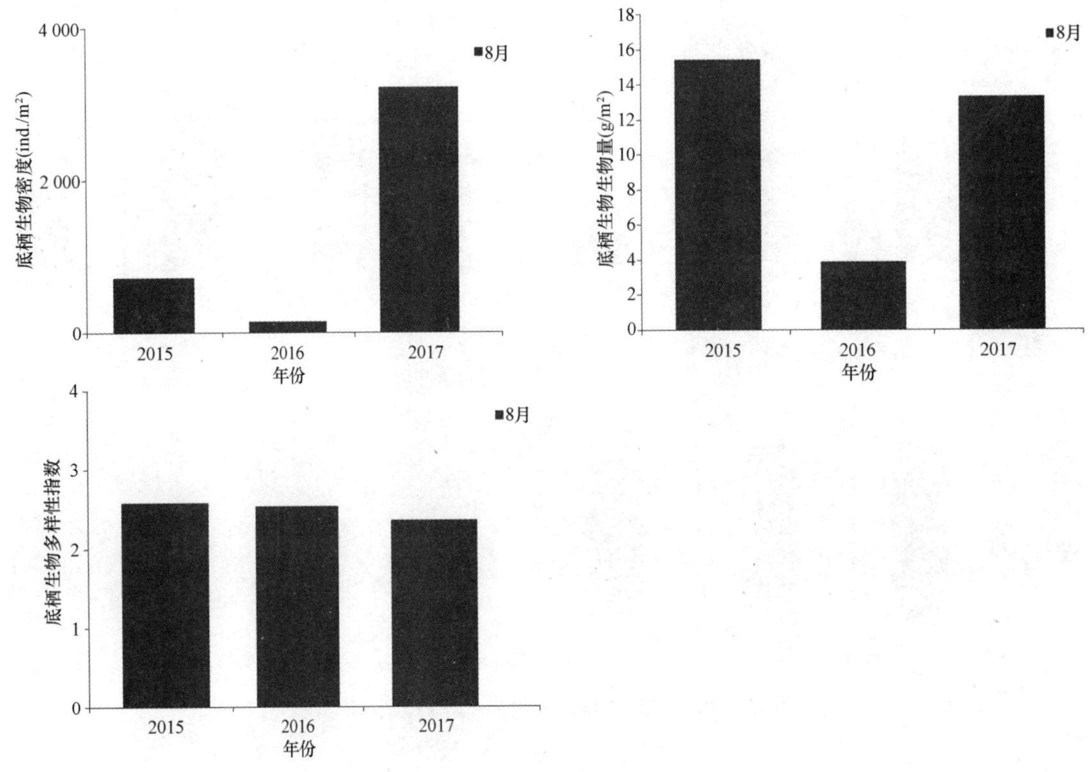

图 2-74　2015—2017 年渤海湾南部海域底栖生物统计

状况向好，但氮磷比失衡现象依然存在，有富营养化的风险，有机污染较轻，生物群落较为稳定。

2.4.4　丁字湾

丁字湾位于烟台、青岛两地的交界处，沿岸有即墨、莱阳和海阳 3 个县市区，有五龙河、白沙河、莲荫河等河流注入，海湾主体呈北西—南东走向，湾顶部在麻姑岛附近折而向西，继五龙河口向延伸，湾口则转向东偏南方向，整个形态大致呈“丁”字形，故名丁字湾，湾内岸线蜿蜒曲折，岬湾相间，岬角处多为基岩裸露，形成海蚀崖，但多数因泥沙淤积已为潮水所不及。据历史资料记载，丁字湾曾是近岸芦苇成片，入湾河流莲花漂浮，海洋生态环境优美，风景秀丽。明清时期丁字湾沿岸金口港的海陆商贸往来曾盛极一时，到清乾隆年间，金口港成为山东半岛著名商港，呈现“商贾云集、商船林立”的繁荣景象。当前丁字湾作为山东半岛蓝色经济区九大集中集约用海区域之一，将功能定位于海滨国际旅游目的地、宜居城市群和海洋生态文明示范区，是山东省打造“新旧动能转换重大工程”的重点区域。

2015—2017 年，连续 3 年海洋生态环境监测结果显示（图 2-75、表 2-14）：丁字湾海域部分站位为四类及劣四类海水水质，无机氮是丁字湾主要的超标物质。溶解氧、化学需氧量、活性磷酸盐和石油类也不同程度地超过二类海水水质标准，超过 1/3 的站位无机氮达到四类及劣四类海水水质标准。氮磷比失衡情况依然突出，富营养化程度严重。

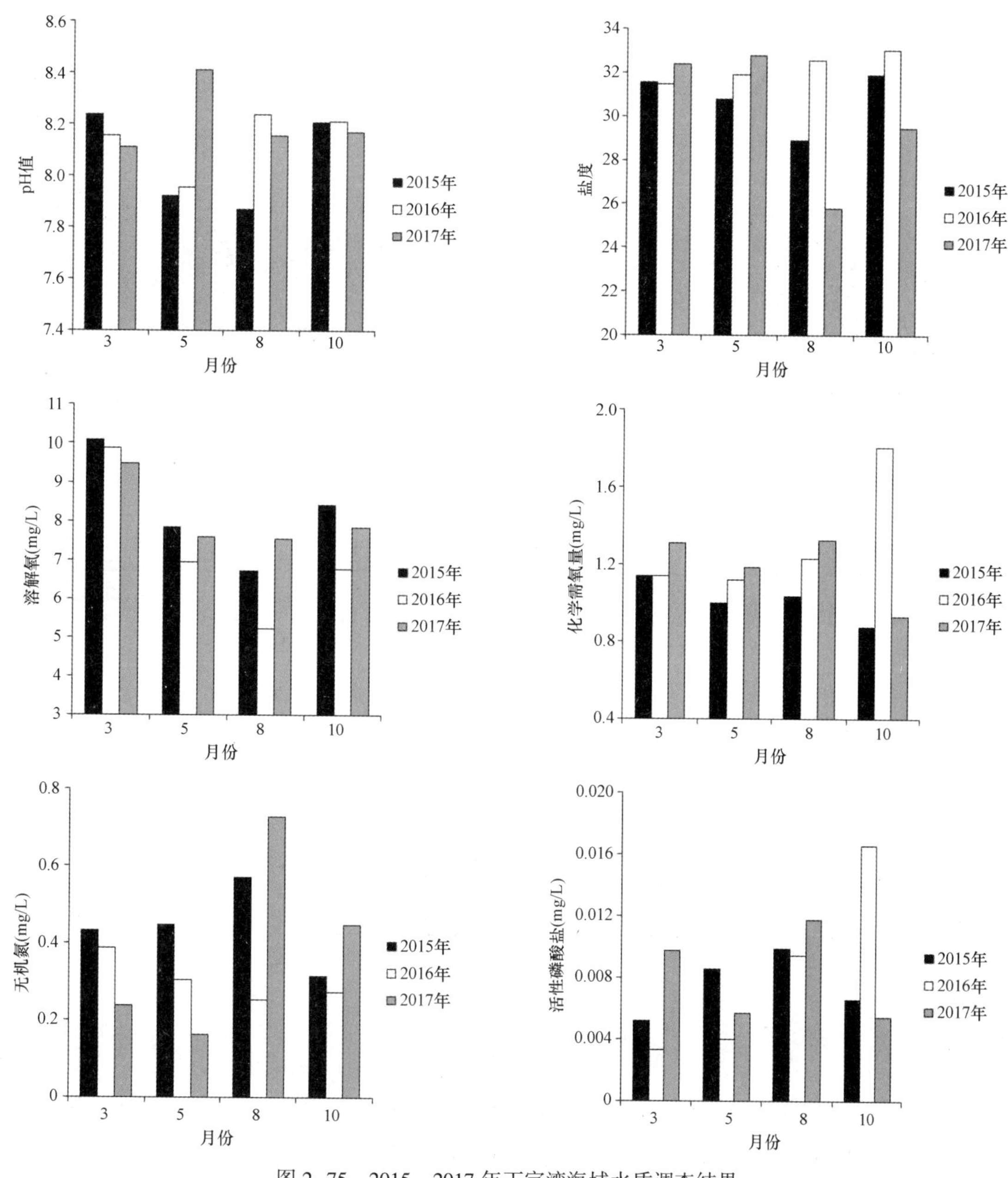

图 2-75　2015—2017 年丁字湾海域水质调查结果

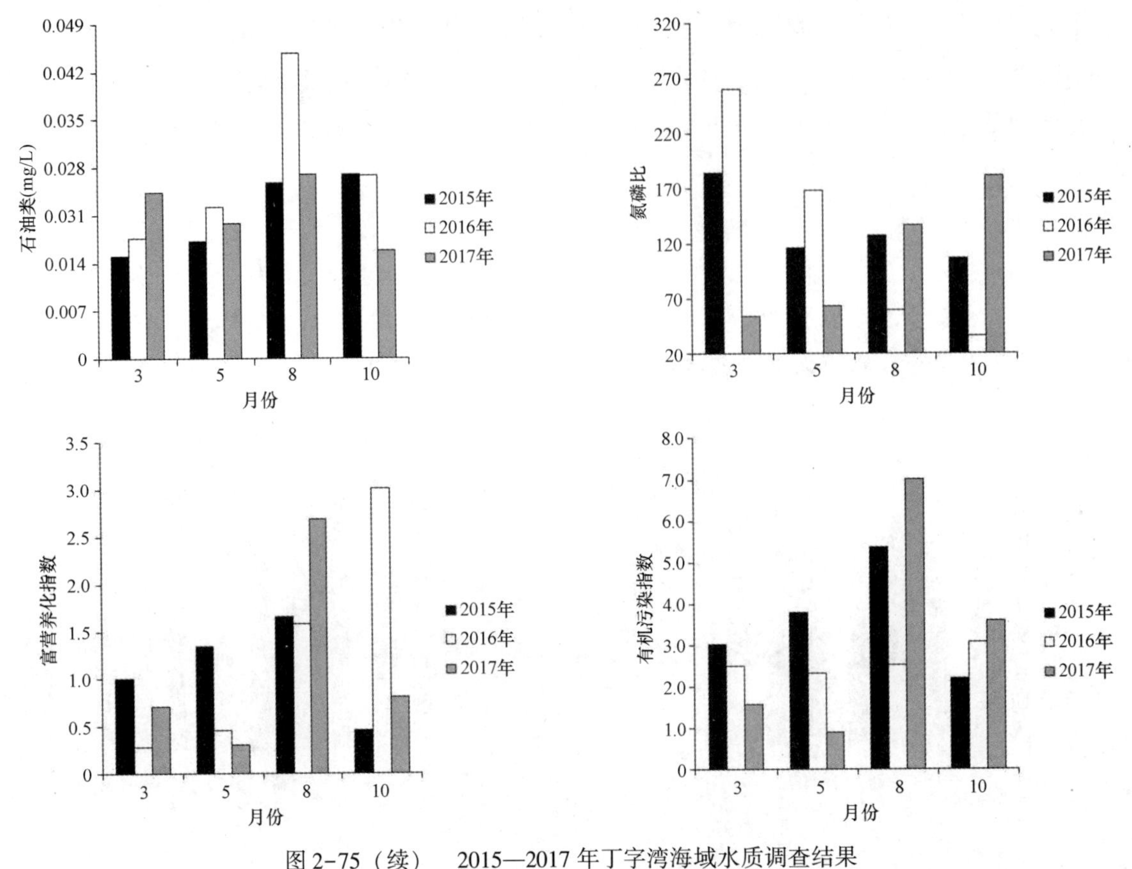

图 2-75（续） 2015—2017 年丁字湾海域水质调查结果

表 2-14 2015—2017 年丁字湾海域二类海水水质标准评价结果

时间 项目	2015 年				2016 年				2017 年			
	3 月	5 月	8 月	10 月	3 月	5 月	8 月	10 月	3 月	5 月	8 月	10 月
pH 值	符合	符合	符合	符合	符合	符合	符合	符合	符合	符合	符合	符合
溶解氧	符合	符合	符合	符合	符合	符合	超标	符合	符合	符合	符合	符合
化学需氧量	符合	符合	符合	符合	符合	符合	符合	符合	符合	符合	超标	符合
无机氮	超标	超标	超标	超标	超标	超标	超标	超标	超标	超标	超标	超标
活性磷酸盐	符合	符合	符合	符合	符合	符合	超标	超标	符合	符合	符合	符合
石油类	符合	符合	符合	符合	符合	符合	超标	符合	符合	符合	符合	符合

2.4.4.1 水环境

无机氮是丁字湾的主要超标物质，2015 年以来无机氮含量总体维持在较高水平，其中，2017 年 8 月，无机氮含量为 3 年来最高，在 2017 年 5 月，无机氮含量降到 3 年来最低水平，以全年的趋势来看，8 月含量达到最高。溶解氧在 2016 年 8 月含量最低，个别站位达到劣四类海水水质标准，其他监测时段水质较好，符合二类水质标准。化学需氧量、活性磷酸盐、石油类分别在 2016 年 10 月、10 月和 2016 年 8 月出现超过二类水质标准，其他时段无超标现象。

富营养化是丁字湾的一个突出问题，受到洋流、地势、入海河流等因素的影响，富营养化水平在当年的下半年度普遍偏高。受无机氮、活性磷酸盐含量变化影响，丁字湾海域氮磷比值波动较为明显，2016 年 3 月和 2017 年 10 月，氮磷比达到 3 年来最高水平，2016 年 10 月和 2017 年 3 月处在最低水平。控制氮磷比失衡是减轻富营养化危害、降低赤潮发生风险的重要途径。有机污染指数总体维持在较好到严重污染之间，受不同年份水质变化的影响，波动较为明显。污染严重区域主要集中在沿岸海域。

2.4.4.2　主要生态问题

由于近几十年来沿岸围垦养殖和盐田用海，湾内纳潮海域面积急剧萎缩。据统计，2011 年丁字湾海水能够自然到达的岸段长度仅为 11.2 km，纳潮海域面积为 72.6 km^2，现有的丁字湾海洋资源开发利用模式未能把丁字湾的资源优势转化为产业优势，丁字湾巨大的海洋文化和旅游潜力不能充分发挥，导致当前丁字湾海洋资源利用效率低下和生态环境恶化，而且传统渔业和盐业产业规模和效益逐步萎缩，也不能充分发挥丁字湾独特的区位和文化旅游资源优势。近年来，丁字湾近岸海水部分指标符合一类海水水质标准，但总体环境未见明显好转，氮磷比失衡现象依然存在，有机污染在河口邻近海域较为明显，主要生态问题如下。

1）水域局部有机污染和富营养化较重

丁字湾海域具有较多的排污口和养殖虾池，是山东半岛富营养化状况较严重的海湾之一，富营养化表现主要是出现周期性的有毒有害藻华事件。从监测数据来看，丁字湾曾出现过夏季低氧现象，这可能与夏季暴发大规模赤潮、绿潮后，生物的降解过程耗氧有关；排污口、养殖虾池在夏季也会引入大量有机物，其耗氧也可能导致低氧现象。无机氮一直是丁字湾最主要的超标物质，陆源污染排污和养殖业为丁字湾带来大量无机氮。半封闭型海湾使得湾底区域水交换能力差，多年来无机氮含量维持在较高水平，劣四类海水水质站位较多，同时磷酸盐的含量时常处在低水平状态，导致该海域出现氮磷比失衡的状态，极易引起赤潮、水母等灾害的发生，多数站位处在严重污染等级。

2）自然湿地破碎化严重

近年来，丁字湾的海域和滩涂主要被养殖虾池和盐田占用，大面积潮间带及潮上带滨海湿地被各种人工湿地景观代替，原本较均一的湿地基底被养殖池、盐田、港池、道路、沟渠、堤坝等分割为相对独立的面积较小的湿地景观斑块，景观斑块数和斑块密度也随之大幅度增加。另外，丁字湾滨海湿地破碎化还表现为随着堤坝、盐田、沟渠和道路等人工廊道面积和长度的增加，加之沿岸植被破坏、筑拦河坝和海洋工程等原因，加剧了人类对滨海湿地的干扰，阻断了滨海湿地间物质和能量的正常流动，湾内可纳潮海域面积萎缩，导致湾内淤积，水流不畅，涨落潮时湾内潮道平均流速较低，仅在湾口附近流速稍快，落潮时湾内大部分区域会露出浅滩，从丁字湾整个景观布局来看，潮间带和潮上带滨海湿地景观破碎化最严重，斑块密度远高于潮下带湿地。湿地的破坏导致沿岸县市区盐业生产受到严重威胁，海水养殖单位面积产量下降，产值呈现增长缓慢趋势，养殖海域养殖容量或生产能力有下降趋势。

2.4.5 小清河口

小清河发源于山东省会济南市，为省级大型河道，全长 233 km，流域面积 16 992 km^2，是一条防洪防涝、灌溉、航运综合利用河道。

2010—2017 年连续 8 年海洋生态环境监测结果显示（表 2-15、图 2-76）：①水环境：无机氮和石油类是小清河最主要的超标物质，无机氮含量总体维持在较高水平，氮磷比失衡情况依然突出，小清河口邻近海域富营养化程度较重，有机污染指数较高；②沉积环境：硫化物、有机碳和石油类均符合海洋沉积物质量一类标准，健康指数均为 10，沉积环境总体较为稳定，质量较好；③生物生态：浮游生物及底栖生物群落健康指数依然较低。2010 年以来，小清河生态系统总体健康状况为亚健康。

表 2-15 2010—2017 年小清河口海域二类海水水质标准评价结果

时间 项目	2010 年		2011 年		2012 年		2013 年		2014 年		2015 年		2016 年		2017 年	
	5 月	8 月	5 月	8 月	5 月	8 月	5 月	8 月	5 月	8 月	5 月	8 月	5 月	8 月	5 月	8 月
pH 值	符合	符合	符合	符合	符合	符合	符合	符合	符合	符合	符合	符合	符合	符合	符合	符合
溶解氧	符合	符合	符合	符合	符合	符合	符合	符合	符合	符合	符合	符合	符合	符合	符合	符合
化学需氧量	符合	符合	符合	符合	符合	符合	符合	符合	超标	符合	符合	超标	符合	符合	符合	符合
无机氮	超标	符合	超标	超标	超标	超标	超标	超标	超标	超标	超标	超标	超标	超标	超标	超标
活性磷酸盐	符合	符合	符合	符合	符合	符合	符合	符合	符合	符合	符合	符合	符合	符合	符合	符合
石油类	超标	超标	符合	超标	超标	超标	符合	符合	符合	符合	超标	符合	符合	符合	符合	符合

2.4.5.1 水环境

无机氮和石油类是小清河口海域的主要超标物质。2010 年以来，无机氮含量总体维持在较高水平，8 月含量较 5 月普遍偏低，但升高趋势明显。石油类在 2010—2013 年含量普遍较高，超出二类海水水质标准，尤其是在 2011 年 8 月，石油类含量异常偏高，为四类水质，其中 20%的站位为劣四类水质。这可能与 2011 年 6 月发生的 19-3 溢油事件有关，自 2011 年 8 月以后总体呈现下降的趋势。化学需氧量在 2014 年 5 月超标，其他时段无超标现象。pH 值、溶解氧、活性磷酸盐在监测期内均符合二类海水水质标准。

富营养化是小清河的一个突出问题，尤其在小清河口邻近海域，富营养化水平普遍偏高。受无机氮升高、活性磷酸盐降低趋势影响，小清河海域氮磷比失衡情况突出，且呈逐年增加的趋势，2014 年氮磷比失衡情况尤其严重。控制氮磷比失衡是减轻富营养化危害，降低赤潮发生风险的重要途径。有机污染指数总体维持在轻度污染到严重污染之间，总体呈现先升高后下降的趋势。

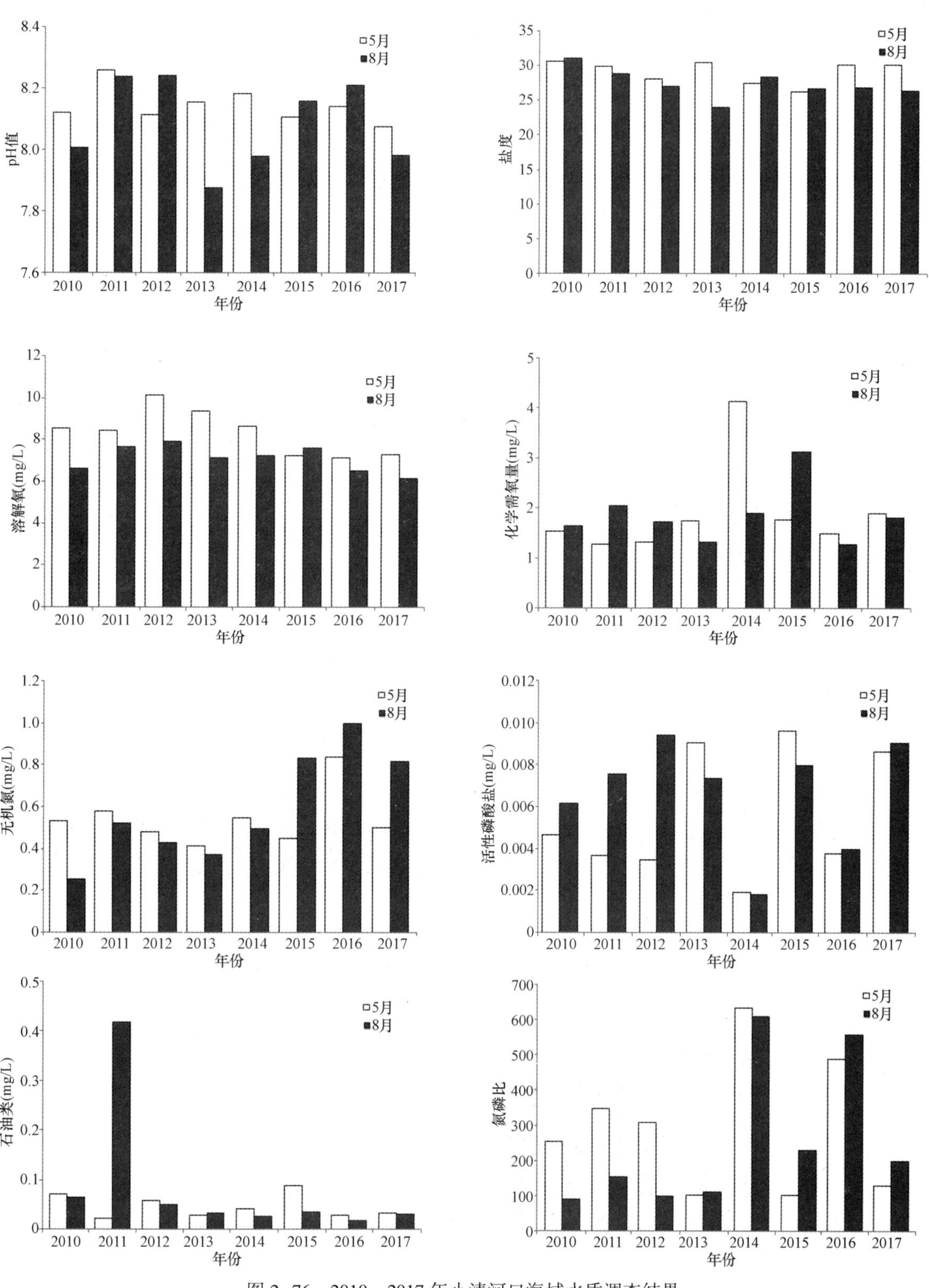

图 2-76　2010—2017 年小清河口海域水质调查结果

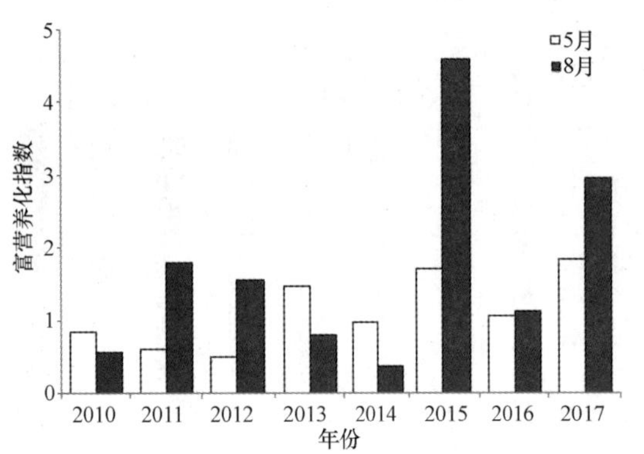

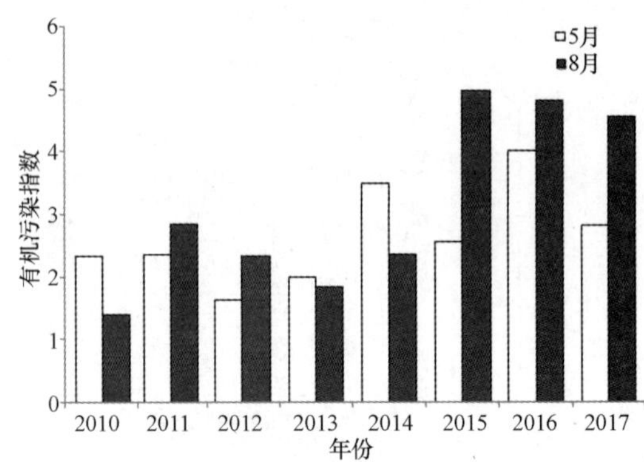

图 2-76（续） 2010—2017 年小清河口海域水质调查结果

2.4.5.2 沉积环境

2010—2018 年，小清河海域内沉积物中硫化物、有机碳和石油类总体符合《海洋沉积物质量》（GB-18668）一类标准值，沉积环境质量较好（图 2-77）。

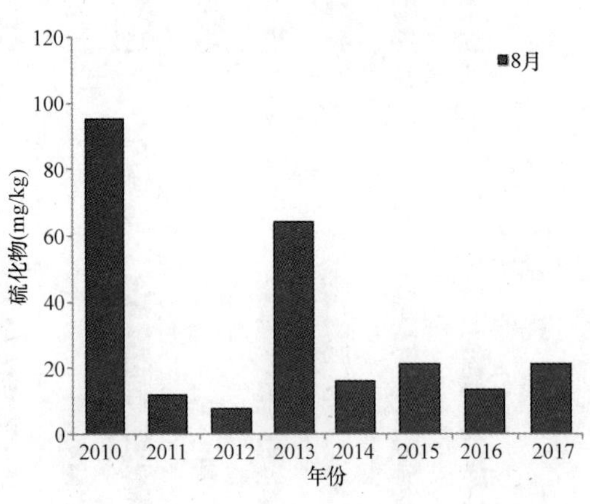

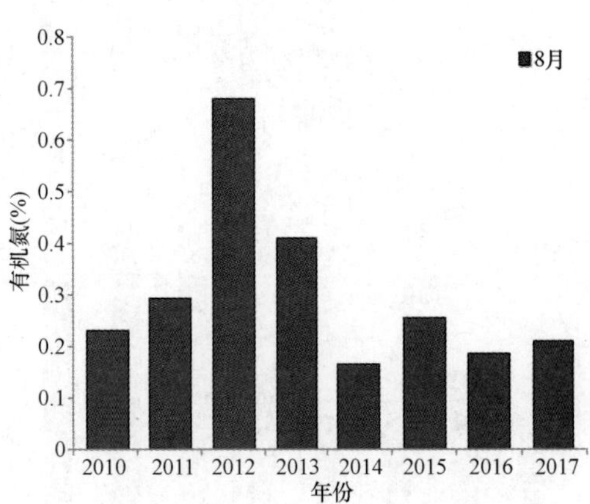

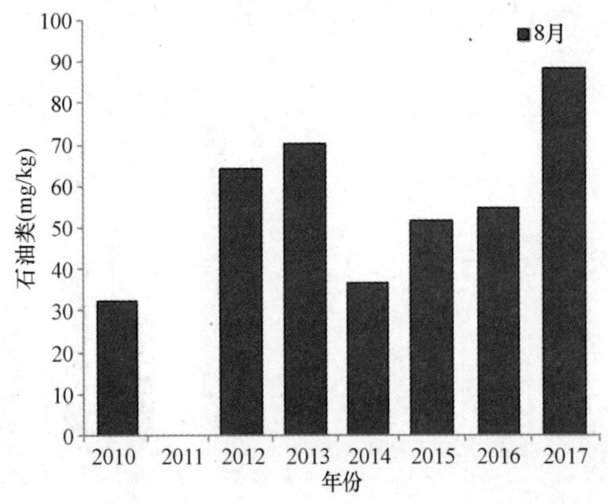

图 2-77 2010—2017 年小清河口海域沉积物调查结果

2.4.5.3　生物群落

1）浮游植物

根据调查结果（表 2-16、图 2-78、图 2-79、图 2-80）浮游植物种类数在 2012 年 8 月达到最高值，其余年份略低，浮游植物的种类数呈现明显的季节变化，8 月的种类数明显高于 5 月，8 月水温较高，降水丰富，携带大量营养物质的淡水涌入小清河，促进了浮游植物的大量繁殖。从种类组成看，浮游植物的种类组成总体未发生明显变化，硅藻仍占据绝对优势地位，甲藻则随着时间的推移呈现明显的波动。浮游植物的优势种呈现较为明显的变化，不同年份的优势种变化很大，旋链角毛藻、角毛藻和中肋骨条藻为主要的小清河优势种，其他优势种在不同年际间波动较大。

表 2-16　2011—2017 年小清河口海域浮游植物优势种变迁

优势种类	2011 年	2012 年	2013 年	2014 年	2015 年	2016 年	2017 年
旋链角毛藻	+	+	+		+	+	
中肋骨条藻	+	+		+		+	
角毛藻	+	+		+	+	+	
具槽直链藻		+					
劳氏角毛藻	+						
斯氏根管藻	+						
细弱圆筛藻	+						
夜光藻	+				+		
圆筛藻	+		+				
舟形藻		+	+				
柏氏角管藻							
布氏双尾藻						+	
大洋角管藻	+						+
短柄曲壳藻		+					
佛氏海毛藻							
辐杆藻属							
辐射圆筛藻			+			+	
高盒形藻	+						
角毛藻属					+		
卡氏角毛藻					+		
冕孢角毛藻			+		+	+	
拟弯角毛藻			+				
拟旋链角毛藻		+					
琼氏圆筛藻		+					
柔弱几内亚藻	+		+				
柔弱角毛藻	+						
透明辐杆藻	+						

续表 2-16

优势种类	2011 年	2012 年	2013 年	2014 年	2015 年	2016 年	2017 年
小环藻							
印度翼根管藻							
窄隙角毛藻							
长菱形藻							
丹麦细柱藻						+	
羽纹藻属					+		
斯氏几内亚藻						+	+
伏氏海线藻						+	
尖刺伪菱形藻							

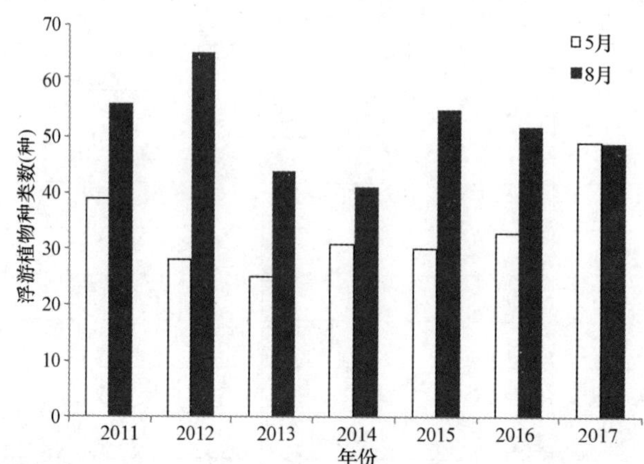

图 2-78 2011—2017 年小清河口海域浮游植物种类数年度变化

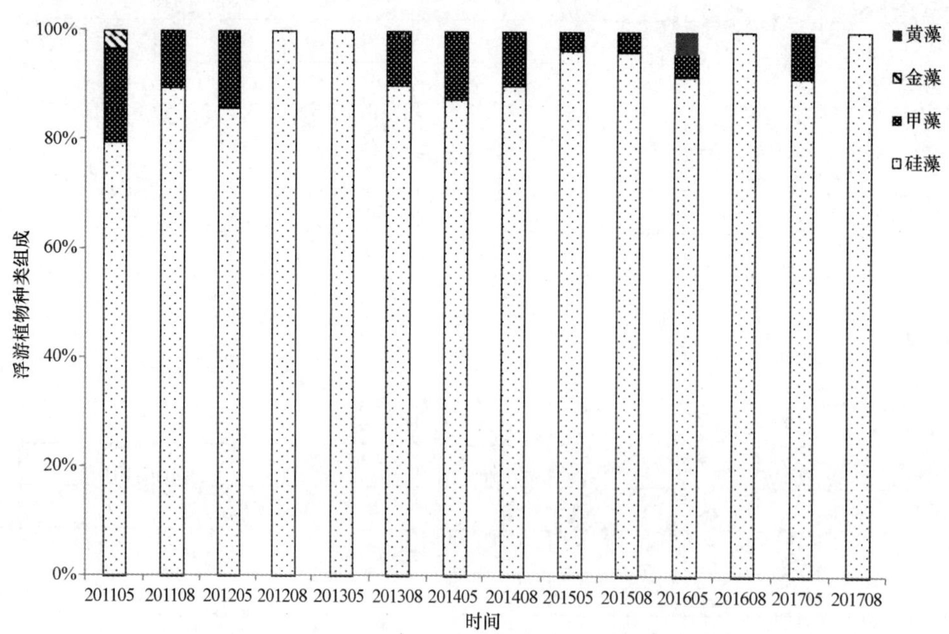

图 2-79 2011—2017 年小清河口海域浮游植物种类组成

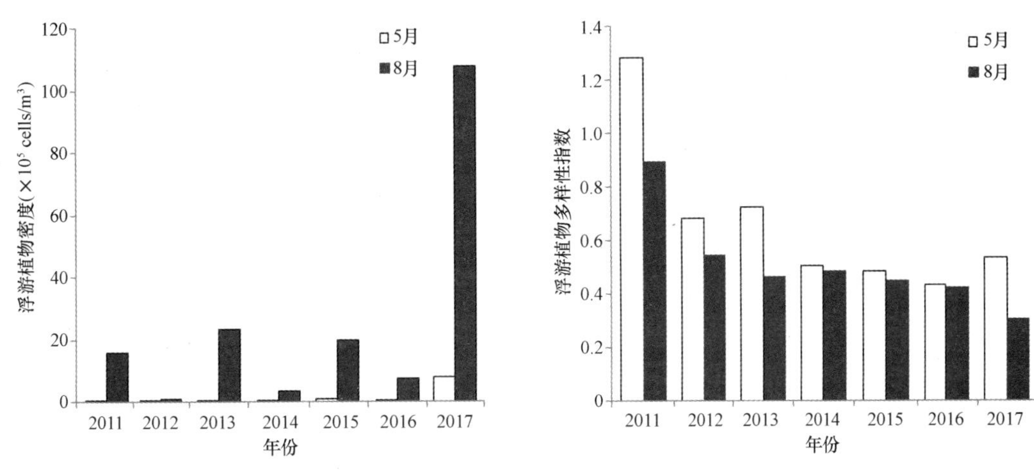

图 2-80　2011—2017 年小清河口海域浮游植物密度和多样性指数

浮游植物的密度 5 月趋势总体平稳，不同年际间差异不大，8 月波动较大，尤其是 2017 年增长最大，主要是尖刺伪菱形藻、高齿状藻、大洋角管藻集中暴发所致。小清河浮游植物多样性指数总体稳定，不同年际间的波动不大。

2）浮游动物

浮游动物种类数总体呈现先上升后下降的趋势，8 月种类明显高于 5 月，且下降趋势较 5 月明显。浮游动物的种类组成以桡足类和浮游幼虫为主，其他种类不同年际间波动较为剧烈，与氮磷比失衡逐渐加剧有关。浮游动物优势种年际间的变化较浮游植物稳定，强壮箭虫、长尾类幼体、中华哲水蚤、双刺纺锤水蚤、小拟哲水蚤、背针胸刺水蚤等是较为普遍的优势种（表 2-17、图 2-81、图 2-82、图 2-83）。

表 2-17　2011—2017 年小清河口海域浮游动物优势种变迁

优势种类	2010 年	2011 年	2012 年	2013 年	2014 年	2015 年	2016 年	2017 年
强壮箭虫	+	+	+	+	+	+	+	+
长尾类幼体	+	+	+	+	+		+	+
背针胸刺水蚤		+	+	+	+		+	
短角长腹剑水蚤	+	+	+	+				
短尾类幼体	+	+	+		+			
双刺纺锤水蚤		+	+	+	+			
中华哲水蚤	+	+	+	+		+		
强额拟哲水蚤		+	+	+				
小拟哲水蚤	+			+	+	+	+	+
克氏纺锤水蚤		+		+				
墨氏胸刺水蚤		+		+				
双壳类壳顶幼虫		+		+			+	
太平洋纺锤水蚤		+		+				+
汤氏长足水蚤				+	+			
阿利玛幼体					+			
斑芮氏水母					+			
刺尾歪水蚤								

续表 2-17

优势种类	2010 年	2011 年	2012 年	2013 年	2014 年	2015 年	2016 年	2017 年
肥胖三角溞								
拟长腹剑水蚤					+	+		+
桡足类幼体					+	+	+	
无节幼体		+				+		
锡兰和平水母			+					
虾卵			+					
夜光虫	+							
真刺唇角水蚤	+							
洪氏纺锤水蚤						+	+	+
腹针胸刺水蚤							+	

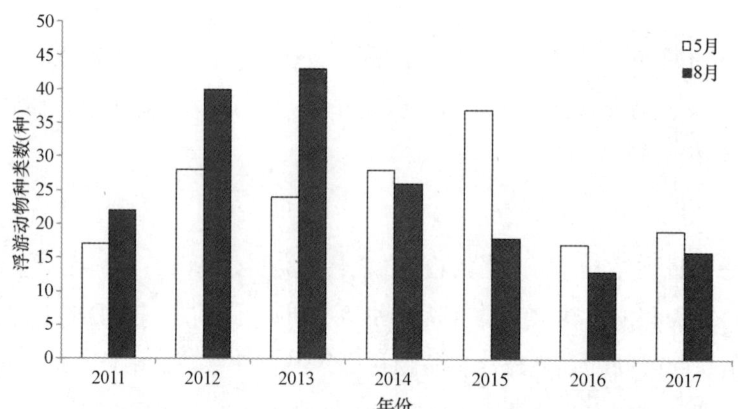

图 2-81　2011—2017 年小清河口海域浮游动物种类数年度变化

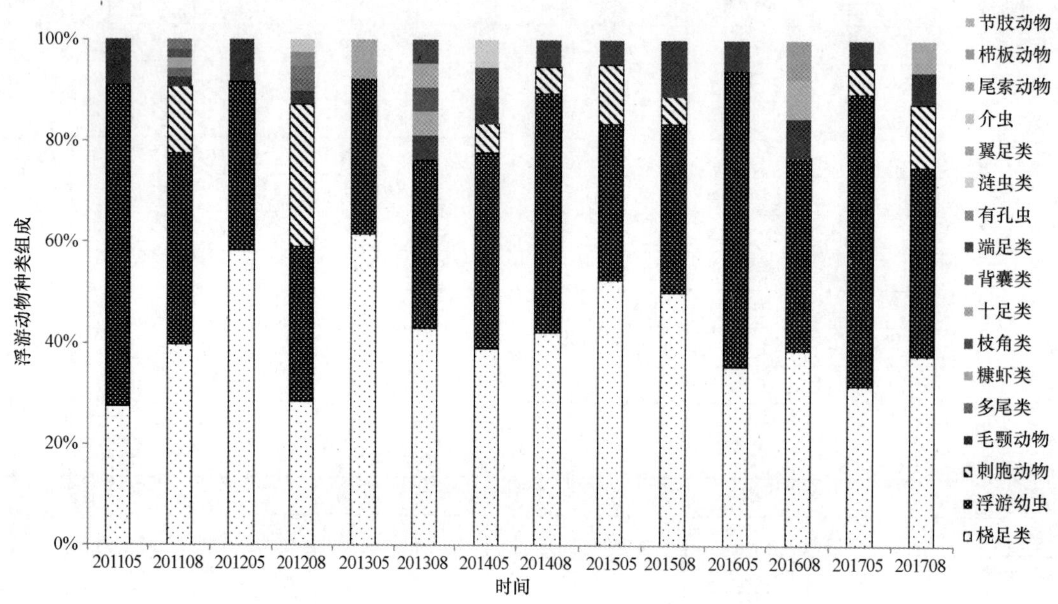

图 2-82　2011—2017 年小清河口海域浮游动物种类组成

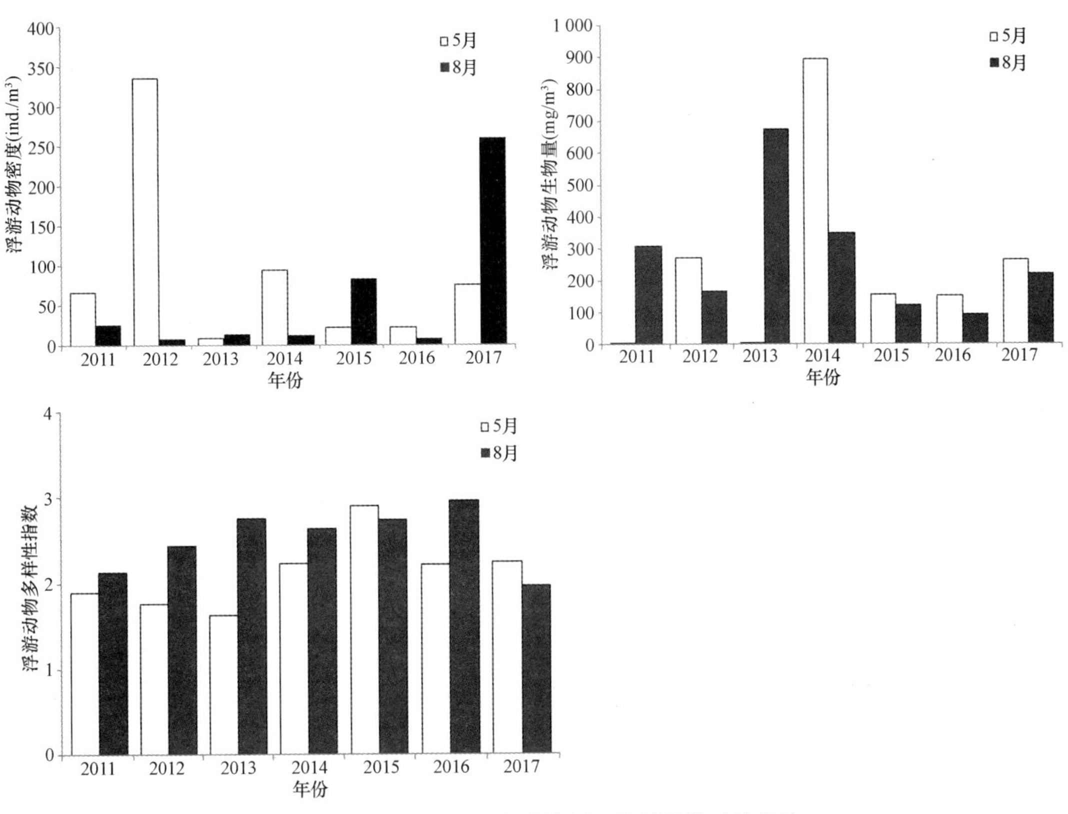

图 2-83　2011—2017 年小清河口海域浮游动物统计

浮游动物密度总体来说波动较大，2012 年 5 月密度较高是由于桡足类（克氏纺锤水蚤）含量较高引起的，2017 年 8 月密度较高是由于桡足类（太平洋纺锤水蚤），生物量也表现出先升高后下降的变化趋势，2014 年 5 月生物量偏高主要是由此时水螅水母类（斑芮氏水母）数量较多引起的，水螅水母类的含水量较高，明显提高了浮游动物的总生物量。浮游动物多样性指数则表现出先升高后下降的趋势，8 月浮游动物多样性指数明显高于 5 月。

3）底栖生物

据调查结果（表 2-18、图 2-84、图 2-85、图 2-86），底栖生物种类数较为丰富且呈现较为稳定的趋势，不同年际间种类组成较为稳定，多毛类、软体动物和节肢动物是小清河底栖生物的主要类群，寡节甘吻沙蚕、凸壳肌蛤、小头虫是小清河较为常见的优势种，其他优势种不同年际间变化较大。

表 2-18　2011—2017 年小清河口海域底栖生物优势种类变迁

优势种类	2011 年	2012 年	2013 年	2014 年	2015 年	2016 年	2017 年
小头虫	+	+	+				
凸壳肌蛤	+	+	+	+			+
紫壳阿文蛤	+	+					
寡节甘吻沙蚕		+	+	+			
钩虾亚目		+	+				
变肢虫亚目		+	+				
稚齿虫				+			

续表 2-18

优势种类	2011 年	2012 年	2013 年	2014 年	2015 年	2016 年	2017 年
丝异须虫				+	+		+
日本中磷虫		+					
昆士兰稚齿虫		+					
江户明樱蛤		+					
寡鳃齿吻沙蚕				+			+
寡节甘沙蚕	+						+
钩虾类	+						
独指虫				+		+	+
薄荚蛏	+						
心形海胆					+	+	+
彩虹明樱蛤						+	+

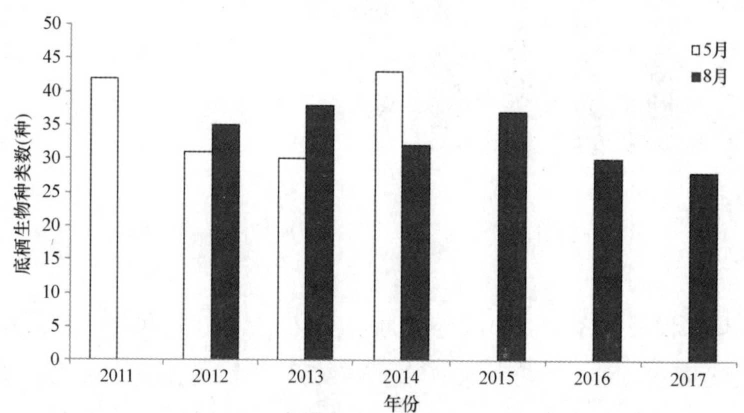

图 2-84　2011—2017 年小清河口海域底栖生物种类数年度变化

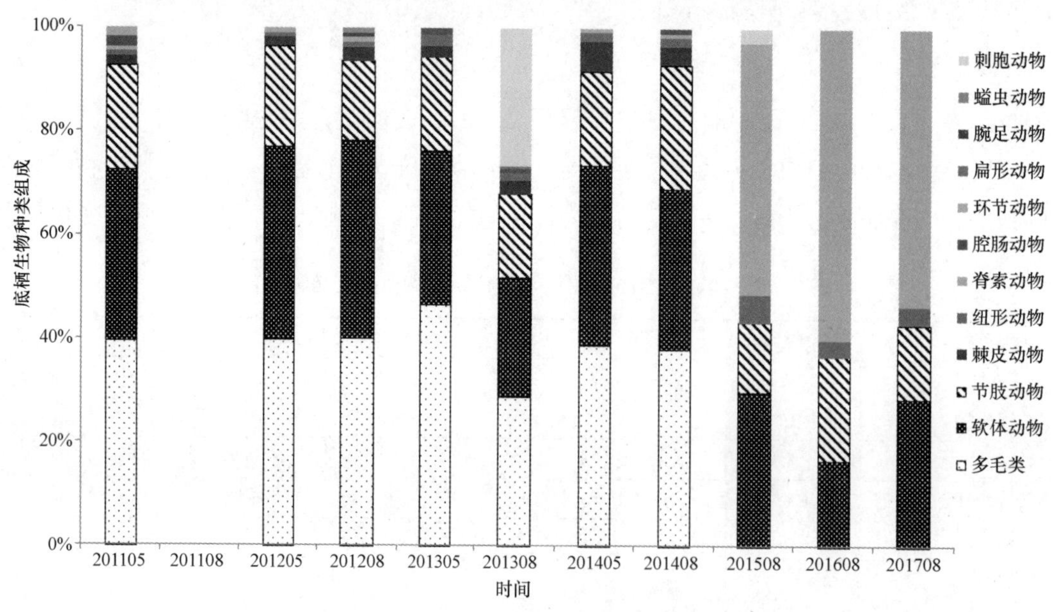

图 2-85　2011—2017 年小清河口海域底栖生物种类组成

底栖生物的密度总体来说年际变化不大，2013 年 8 月密度暴涨是由于凸壳肌蛤的暴涨所致，而生物量呈现先上升后下降的趋势，底栖生物多样性指数范围维持在 2~3 之间，且同样呈现先升高后降低的变化趋势，其群落结构稳定性不断减弱。

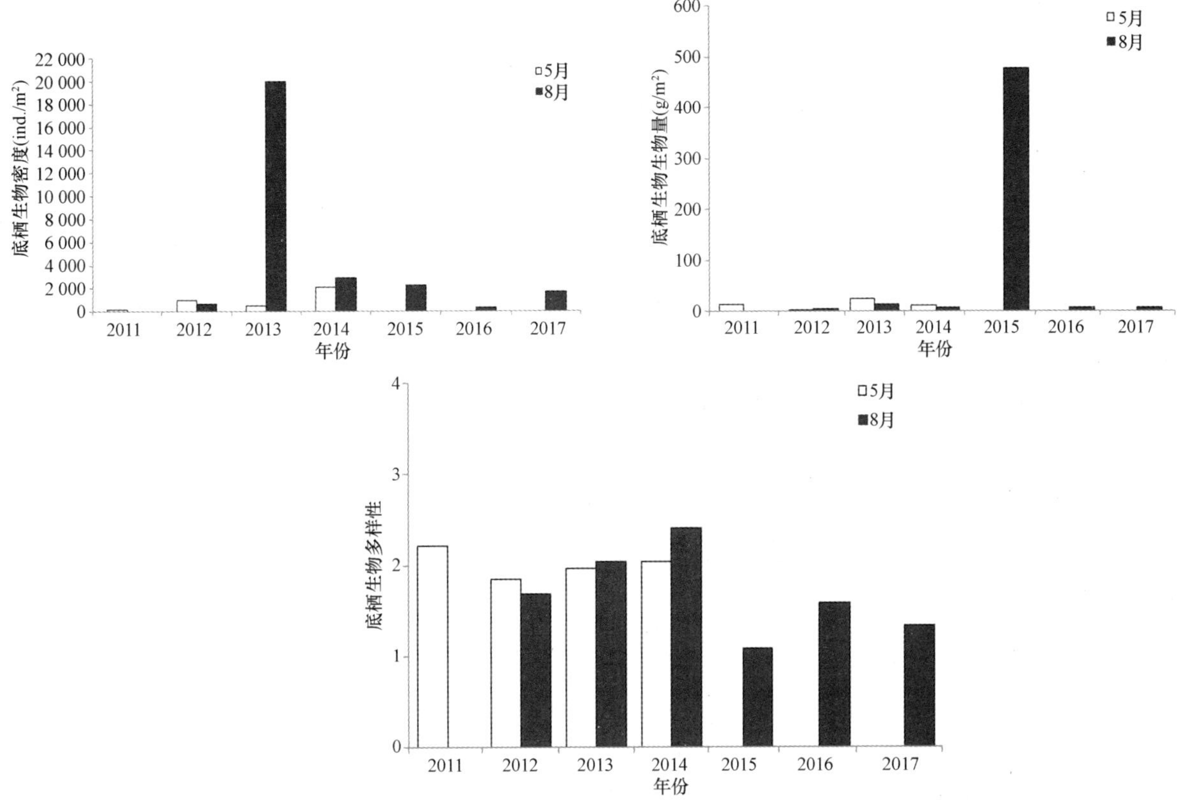

图 2-86　2011—2017 年小清河口海域底栖生物统计

2.4.5.4　生态系统健康评价

2011 年以来，小清河水环境健康指数除 2013 年较低（为 9.6）外，其他年份均维持在 12 及以上；生物群落健康指数较低，均在 20 及以下，生物密度异常波动是造成指数偏低的主要原因。小清河沉积环境质量较好，未见超标物质。小清河生态系统总体健康指数范围为 60.4~64.6，健康水平为亚健康（表 2-19）。

表 2-19　2011—2017 年小清河口海域生态系统健康指数

年份	健康指数					
	水环境	沉积物	生物群落	栖息地	生物质量	综合健康指数
2011	13.3	10.0	16.3	15.0	10	64.6
2012	13.3	10.0	14.1	15.0	10	62.4
2013	9.16	10.0	16.2	15.0	10	60.4
2014	13.3	10.0	15.6	15.0	10	63.9
2015	12.5	10.0	17.1	15.0	9.2	63.8
2016	12.5	10.0	18.0	15.0	7.2	62.7
2017	12.5	10.0	18.3	15.0	7.3	63.1

2.4.5.5 主要生态问题

小清河流域化工、石油加工、纺织和造纸等企业较多，且多紧邻小清河。2010 年以来，小清河经过多次治理近岸海水部分指标（如石油类）略有好转，而总体环境状况未见明显改善，氮磷比失衡现象依然存在，有机污染在河口邻近海域较为明显；自然岸带保护形势严峻，生物群落健康指数依然偏低。陆源污染是小清河的主要污染源，陆源污染物主要是通过径流进入小清河。大量的污水排入小清河，引起有机污染和局部富营养化。

2.4.6 胶州湾

胶州湾位于山东半岛南部，地理区域范围为 35°38′—36°18′N、120°04′—120°23′E，以团岛头（36°02′36″N、120°16′49″E）和薛家岛脚子石（36°00′53″N、120°17′30″E）连线为界，是一个与黄海相通的半封闭型海湾，平均水深仅为 8.8 m，青岛主要城区和胶州市沿湾环绕，由此胶州湾被称作青岛的“母亲湾”。沿岸有洋河、大沽河、墨水河、白沙河、李村河和海泊河等十几条河流注入胶州湾。其中洋河和大沽河的径流量和含沙量较大，市区的海泊河、李村河、娄山河等除汛期外基本无自身径流，河道上游来水较少，中、下游成为市区工业废水和生活污水的排污河，成为胶州湾外源污染物的重要来源。

2012—2017 年连续 6 年海洋生态环境监测结果显示：①水环境：总体能够符合二类海水水质标准，无机氮、石油类和磷酸盐有个别的超标的现象。海域富营养化程度和有机污染指数 5 月的情况均优于 8 月；②沉积环境：硫化物、有机碳和石油类均符合海洋沉积物质量一类标准，沉积环境总体较为稳定，质量较好；③生物生态：浮游生物及底栖生物群落健康指数较低，鱼卵及仔稚鱼数量低于历史数据。2012 年以来，胶州湾海域生态系统总体健康状况为亚健康。

2.4.6.1 水环境

2012 年以来，胶州湾海域无机氮含量呈现先上升后下降趋势，2013 年 8 月和 2014 年 8 月略超二类海水水质标准，2015 年含量最低。石油类 2012 年有超标现象，随后呈下降趋势，最低点也是出现在 2015 年。pH 值、溶解氧、化学需氧量在监测期内均符合二类海水水质标准（表 2-20、图 2-87）。

表 2-20 2012—2017 年胶州湾海域二类海水水质标准评价结果

项目 \ 时间	2012 年		2013 年		2014 年		2015 年		2016 年		2017 年	
	5 月	8 月	5 月	8 月	5 月	8 月	5 月	8 月	5 月	8 月	5 月	8 月
pH 值	符合	符合	符合	符合	符合	符合	符合	符合	符合	符合	符合	符合
溶解氧	符合	符合	符合	符合	符合	符合	符合	符合	符合	符合	符合	符合
化学需氧量	符合	符合	符合	符合	符合	符合	符合	符合	符合	符合	符合	符合
无机氮	符合	符合	符合	超标	符合	超标	符合	符合	符合	符合	符合	符合
活性磷酸盐	符合	符合	符合	符合	符合	符合	符合	符合	符合	符合	符合	超标
石油类	超标	符合	符合	符合	符合	符合	符合	符合	符合	符合	符合	符合

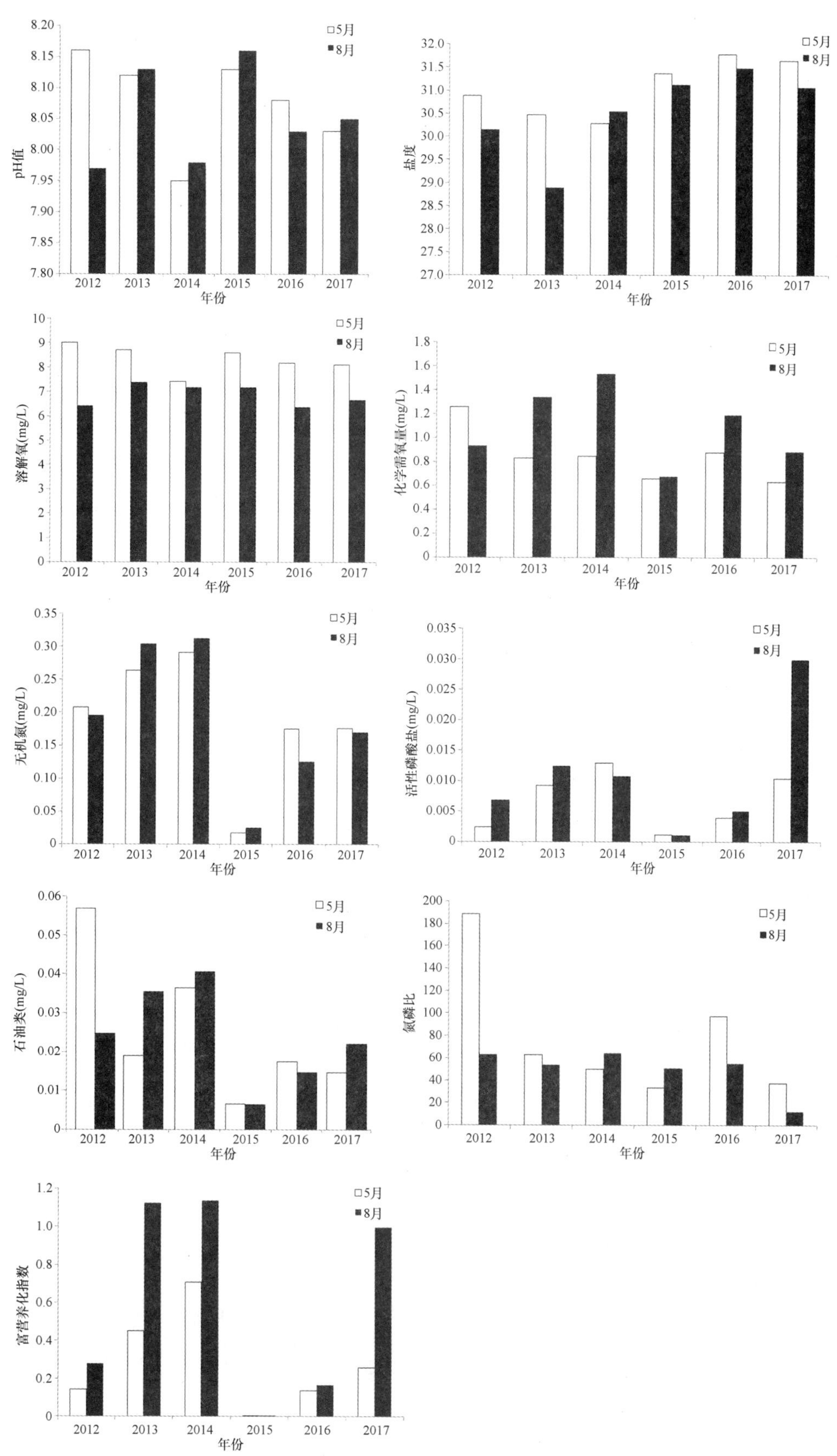

图 2-87 2012—2017 年胶州湾海域水质调查结果

2.4.6.2 沉积环境

2012—2018 年，胶州湾海域内沉积物中硫化物、有机碳和石油类总体符合《海洋沉积物质量》（GB-18668）一类标准值，沉积环境质量较好（图 2-88）。

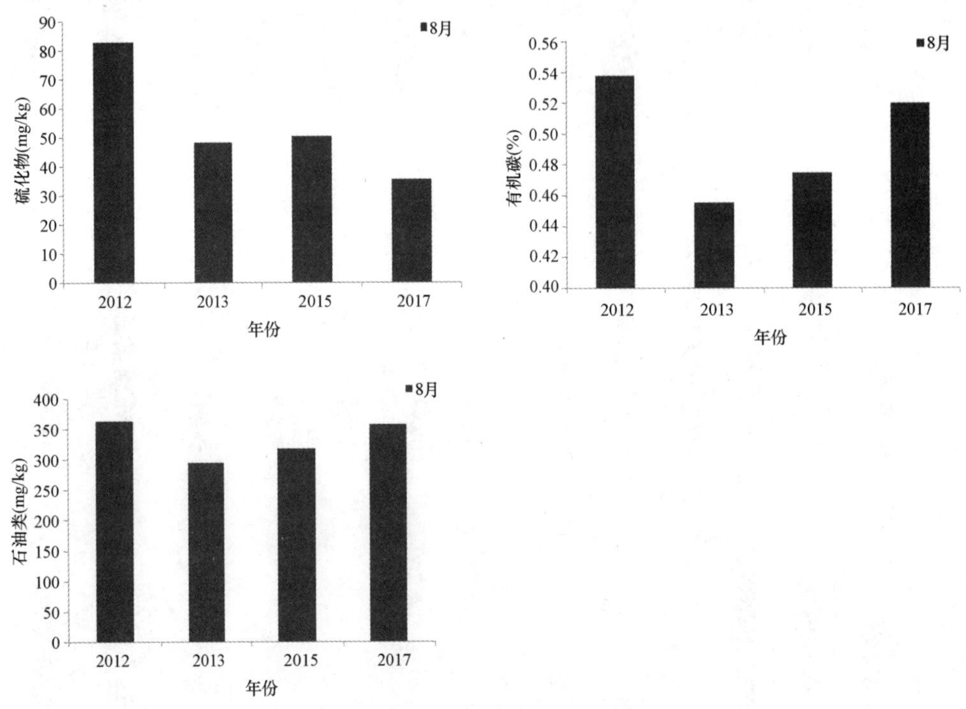

图 2-88　2012—2017 年胶州湾海域沉积物调查结果

（注：2014 年和 2016 年未开展胶州湾海域沉积物监测，故图中对应年份数据缺失。）

2.4.6.3 生物群落

1）叶绿素 a

2012—2017 年，5 月海水叶绿素 a 变化范围为 0.365～3.60 μg/L，平均为 1.76 μg/L，8 月变化范围为 0.691～5.18 μg/L，平均为 2.77 μg/L。叶绿素 a 含量最高值出现在 2013 年 8 月，最低值出现在 2015 年 5 月，其含量变化总体呈下降趋势（图 2-89）。

2）浮游植物

2012—2017 年胶州湾海域浮游植物各指标变化趋势如图 2-90 所示。

（1）种类数

2015—2017 年，5 月的浮游植物种类数范围为 28～50 种，平均为 42 种，8 月的范围为 57～66 种，平均为 61 种。其中，物种种类数最大值出现在 2015 年 8 月，最小值出现在 2015 年 5 月。

（2）密度

2015—2017 年，浮游植物密度，5 月的范围为 0.395×10^5～38.6×10^5 cells/m^3，平均为 15.7×10^5 cells/m^3，8 月的范围为 15.2×10^5～60.7×10^5 cells/m^3，平均为 30.8×10^5 cells/m^3。其中，密度最大

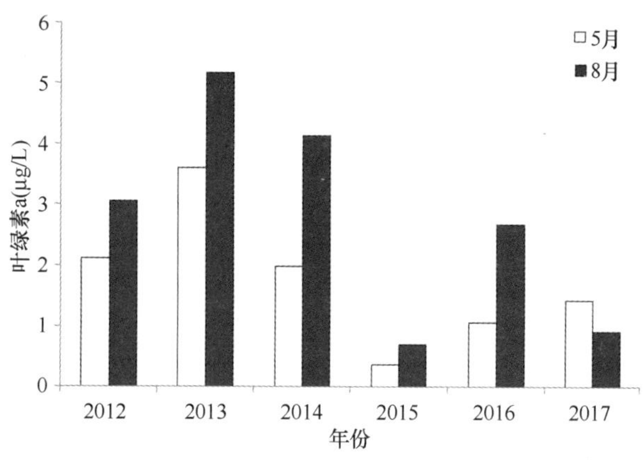

图2-89　2012—2017年胶州湾海域叶绿素a平均值变化趋势

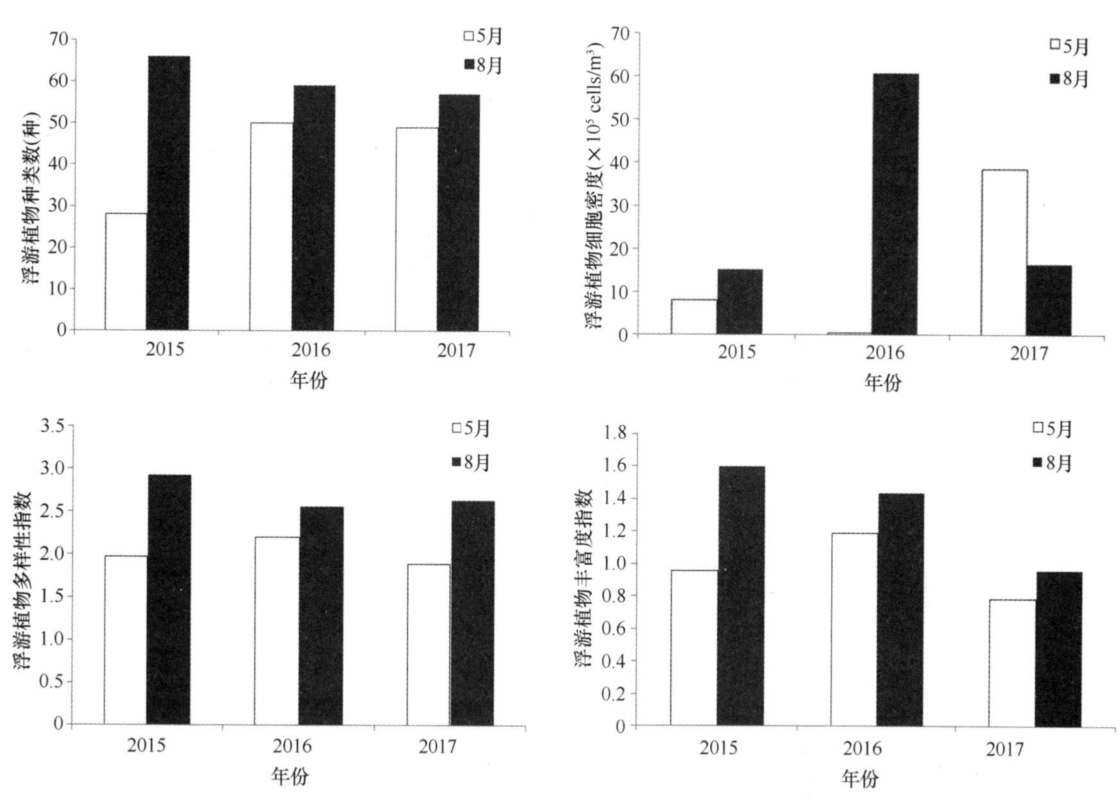

图2-90　2015—2017年胶州湾海域浮游植物各指标变化趋势

值出现在2016年8月，最小值出现在2016年5月。

（3）多样性指数

2015—2017年，浮游植物多样性指数，5月的范围为1.889~2.199，平均为2.022，8月的范围为2.556~2.920，平均为2.703。其中，多样性指数最高值出现在2015年8月，最低值出现在2017年5月。

（4）丰富度

2015—2017年，浮游植物丰富度，5月的范围为0.786~1.192，平均为0.979，8月的范围为

0.959~1.594，平均为1.328。其中，丰富度最高值出现在2015年8月，最低值出现在2017年5月。

3）浮游动物

2015—2017年胶州湾海域浮游动物各指标变化趋势如图2-91所示。

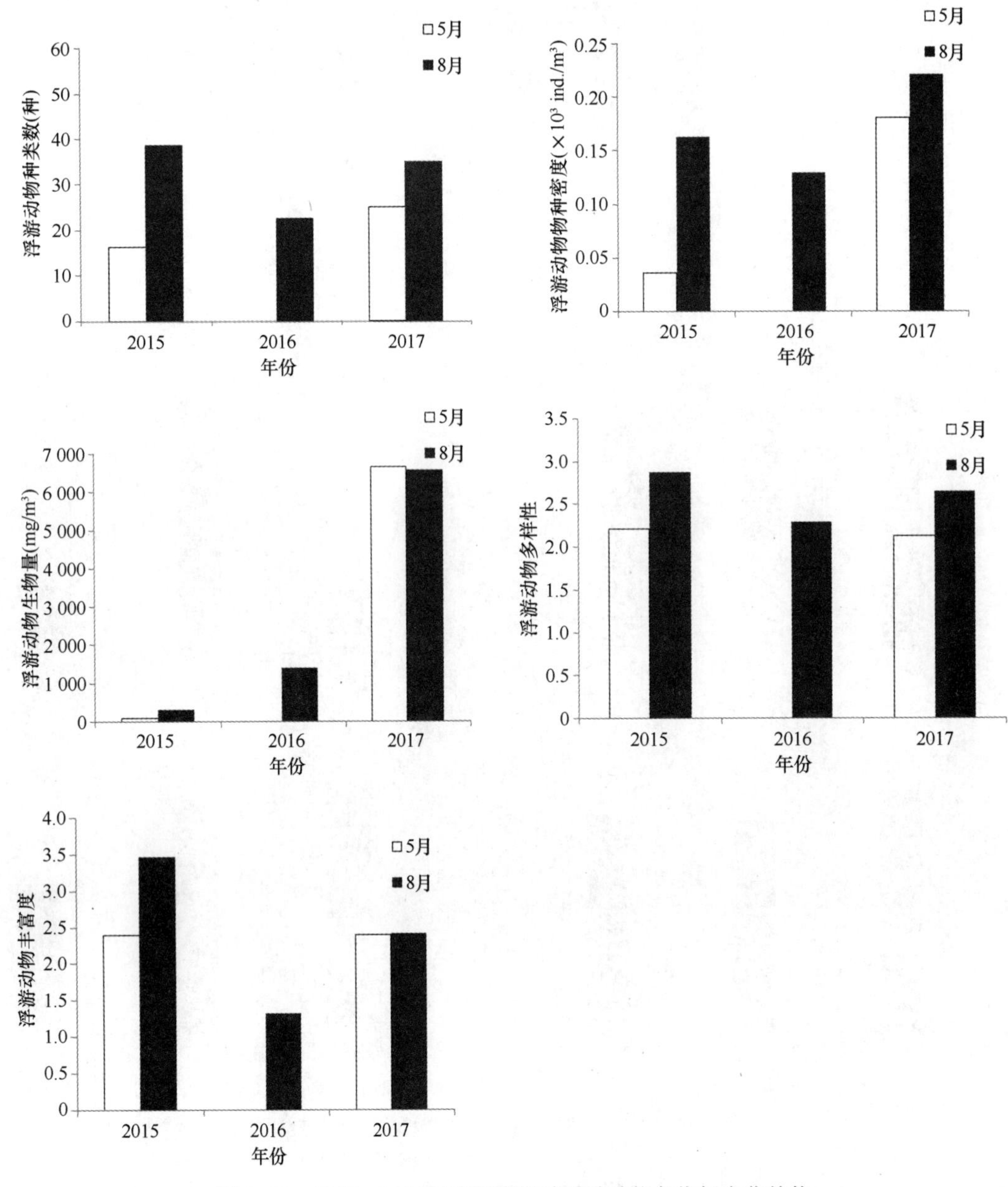

图2-91　2015—2017年胶州湾海域浮游动物各指标变化趋势

（1）种类数

2015—2017年，5月的浮游动物种类数范围为17~25种（类），平均为21种（类），8月的范围为22~39种（类），平均为32种（类）。其中，物种种类数最大值出现在2015年8月，最小值出现在2015年5月。

（2）密度

2015—2017年，浮游动物密度，5月的范围为0.036 4×10^3~0.180×10^3 ind./m^3，平均为0.115×

10^3 ind./m^3，8 月的范围为 0.162×10^3~0.221×10^3 ind./m^3，平均为 0.192×10^3 ind./m^3。其中，密度最大值出现在 2017 年 8 月，最小值出现在 2015 年 5 月。

（3）生物量

2015—2017 年，浮游动物生物量，5 月的范围为 87.4~6 661 mg/m^3，平均为 2 709.2 mg/m^3，8 月的范围为 310.5~6 552.6 mg/m^3，平均为 3 431.55 mg/m^3。其中，生物量最大值出现在 2017 年 8 月，最小值出现在 2015 年 5 月。

（4）多样性指数

2015—2017 年，浮游动物多样性指数，5 月的范围为 2.126~2.289，平均为 2.208，8 月的范围为 2.638~2.868，平均为 2.753。其中，多样性指数最高值出现在 2015 年 8 月，最低值出现在 2017 年 5 月。

（5）丰富度

2015—2017 年，浮游植物丰富度，5 月的范围为 1.320~2.399，平均为 2.038，8 月的范围为 2.41~3.46，平均为 2.935。其中，丰富度最高值出现在 2015 年 8 月，最低值出现在 2016 年 8 月。

4）底栖生物

2015—2017 年胶州湾海域底栖生物各指标变化趋势如图 2-92 所示。

（1）种类数

2015—2017 年，底栖生物种类数范围为 36~70 种（类），平均为 57 种（类）。其中，物种种类数最大值出现在 2017 年，最小值出现在 2016 年。

（2）密度

2015—2017 年，底栖生物密度范围为 0.249×10^3~0.340×10^3 ind./m^2，平均为 0.290×10^3 ind./m^2。其中，密度最大值出现在 2015 年，最小值出现在 2017 年。

（3）生物量

2015—2017 年，底栖生物生物量范围为 30.5~3 762.1 g/m^2，平均为 986.9 g/m^2。其中，物种生物量最大值出现在 2017 年，最小值出现在 2015 年。

（4）多样性指数

2015—2017 年，底栖生物多样性指数范围为 2.27~3.13，平均为 2.66。其中，多样性指数最高值出现在 2015 年，最低值出现在 2017 年。

（5）丰富度

2015—2017 年，底栖生物丰富度指数范围为 1.32~2.05，平均为 1.66。其中，丰富度最高值出现在 2015 年，最低值出现在 2017 年。

2.4.6.4　存在的问题

氮磷含量的升高对海水富营养化起决定性作用。2012 年以来的监测结果表明，胶州湾海域部分年份有富营养化的情况，水域开始有有机污染的现象出现。浮游植物按照一定的比例吸收营养盐，研究认为氮磷摩尔比为 16∶1，这个比值一般可用来评价现场水域的氮限制或磷限制状况。目前，随着经

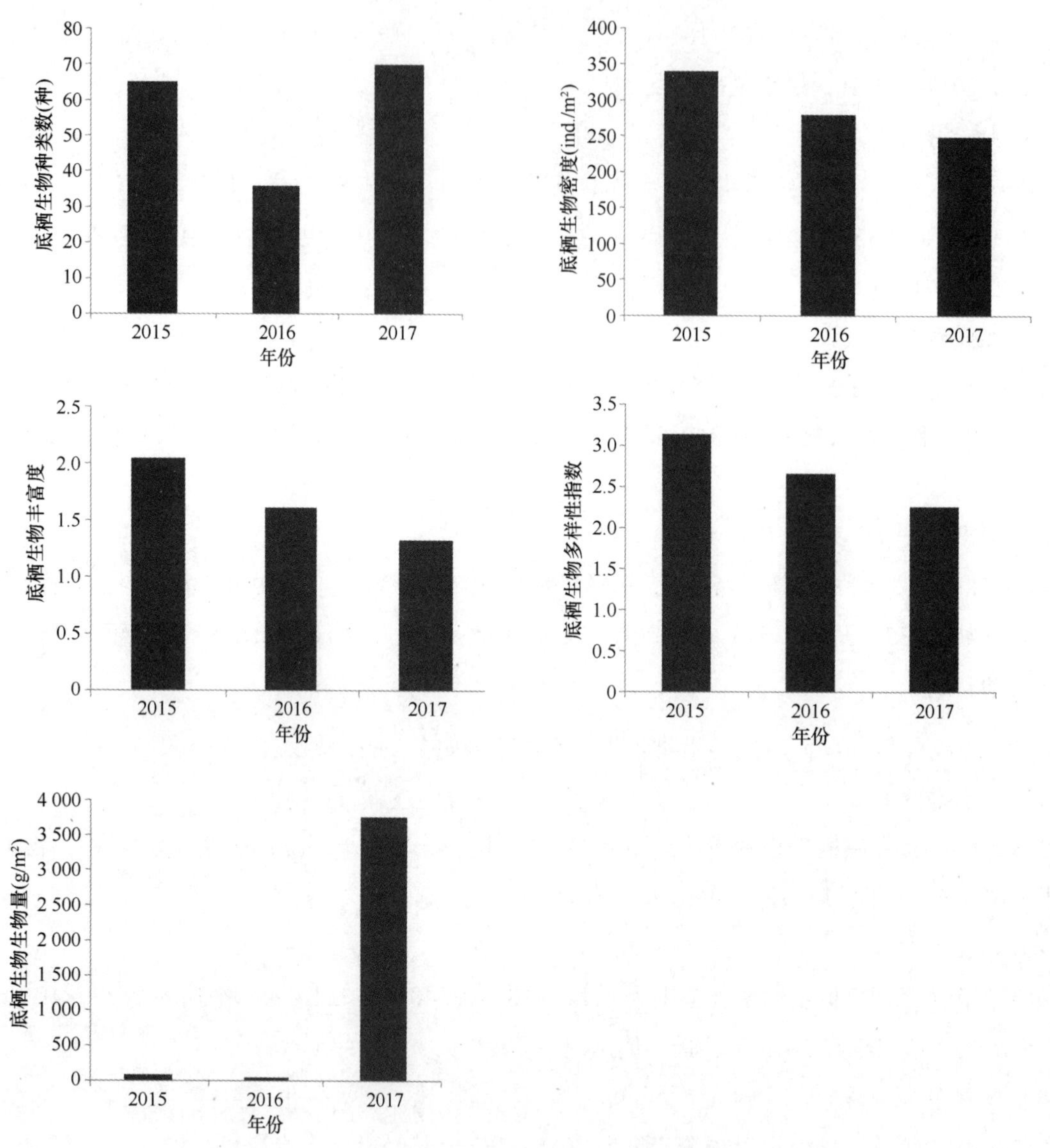

图 2-92　2015—2017 年胶州湾海域底栖生物各指标变化趋势

济的快速发展和人民生活水平的提高，每年大量的生活污水、工业废水排放入海，污水来源广，成分复杂，且含有大量的有机物，成为海域开始受到有机污染及引起无机氮浓度升高的原因之一，导致海洋环境富营养化，使得营养盐结构平衡被破坏，生态环境逐渐恶化，造成浮游植物群落结构的变化和藻种的演替现象，使得初级生产力下降。

第3章　山东省近岸海域主要风险源解析

环渤海地区是我国快速发展的重要经济集聚区和基础产业分布区之一。黄河三角洲等地区正在快速发展，以山东半岛为核心的我国重要的人口集聚区已经形成。环渤海地区2000年以后新建的产业集聚区中有90%分布在海岸带地区，流域和海岸带开发活动带来的污染物排海、自然生境破坏等对渤海海洋生态环境造成的压力也在逐步加重，对渤海海洋资源的过度开发利用问题日益凸显。淡水入海量、陆源排污和海洋开发活动已成为影响区域生态系统健康的主要因素。

3.1　入海河流

山东半岛是我国重要的人口集聚区，随着经济社会的快速发展，工业和生活污水等大量污染物入海，海洋环境的压力越来越大。陆源排海成为导致近岸海域环境污染和生态损害的主要原因。

山东省主要入海河流分属黄河、淮河、海河三大流域。据统计，山东省近岸海域分布有主要入海河流146条，绝大多数为季节性的山溪河流，长度30 km以上的河流40条，流域面积广、径流量大和污染较重的河流有20余条，最终流入渤海、黄海，对全省海洋生态环境产生较大影响。

2010年以来，山东省各级海洋环境监测机构对全省主要入海河流进行了连续监测，并从这些监测的入海河流中筛选了12条入海流量较大、污染较重的河流，对所获得的数据进行了汇总分析（表3-1）。

表3-1　2010年以来山东省主要入海河流监测信息

序号	河流名称	发源地	入海口位置	流入海区
1	黄河	青海省玛多县多石峡以上地区	山东省东营市垦利区	渤海
2	潮河	山东省滨州市滨城区张集乡西沙河口	山东省东营市河口区	
3	挑河	山东省东营市利津县	山东省东营市利津县	
4	小清河	山东省济南市泉群	山东省寿光市羊口镇	
5	白浪河	山东省昌乐县鄌郚镇	山东省潍坊滨海经济开发区央子镇	
6	界河	山东省招远市城西南	山东省招远市辛庄镇	
7	大沽夹河	山东省海阳市牧牛山	山东省烟台市经济技术开发区	黄海
8	母猪河	山东省威海市环翠区	山东省威海市文登区	
9	乳山河	山东省乳山市马石山南麓的垛鱼顶	山东省乳山市乳山口镇	
10	五龙河	山东省栖霞市牙山北麓	山东省莱阳市	
11	傅疃河	山东省日照市五莲县	山东省日照市东港区	
12	绣针河	山东省临沂市莒南县	山东省日照市岚山区	

1）黄河（图3-1）

黄河是世界上含沙量最高的河流，世界第五大长河，中国第二长河。黄河起源于巴颜喀拉山北麓的约古宗列曲，海拔 4 675 m，支流贯穿青海、四川、甘肃、宁夏、内蒙古、陕西、山西、河南、山东九个省区，在山东省注入渤海。全长约 5 464 km，流域面积约 752 443 km^2，平均径流深度 79 m，年均输沙量 8.36×10^8 t，20 世纪 90 年代以来黄河年径流量减少，经常出现断流。黄河口及邻近海域因黄河入海带来丰富的营养物质，水质肥沃，是鱼、虾、蟹、贝的重要产卵场和索饵场，是渤海著名的渔场之一，其主要的经济鱼类有带鱼、梭鱼、鲈鱼、小黄鱼、银鱼、颌针鱼、黄姑鱼等，素有“百鱼之乡”的美称。

图 3-1　黄河入海口

2）潮河（图 3-2）

潮河干流源自滨州市滨城区双刘村西边的西沙河，流经滨城区、沾化区、东营市河口区，在沾化区东北部的洼拉沟注入渤海。全长 75. 46 km，流域面积约 1 241. 3 km^2。

图 3-2　潮河入海口

3）挑河（图 3-3）

挑河发源于山东省东营市利津县，并在利津县北部进入渤海湾海域，入海口邻近海域功能区类型为渔港和渔业设施基础建设区，要求海水质量不劣于第二类海水水质标准。

图 3-3　挑河入海口

4）小清河（图 3-4）

小清河发源于山东省济南市，于寿光羊角沟注入莱州湾，全长 237 km，流域面积 16 992 km²，大小支流共 150 余条，其中较大支流 40 余条。小清河地质南部以古生界灰岩为主，北部以新生界黄土以及砂砾土为主，岩层呈向北倾的单斜构造。地貌为山前倾斜平原区，北部黄河自西向东流入渤海。沿线平原广阔，地势舒缓低平，属山前平原交接洼地。

图 3-4　小清河入海口

5）白浪河（图 3-5）

白浪河原名白狼河，发源于山东省昌乐县鄌郚镇打擂山，流经昌乐、潍城、滨海经济开发区等地区，于滨海经济开发区央子镇入莱州湾，长 127 km，流域面积 1 237 km²。

图 3-5　白浪河入海口

6）界河（图 3-6）

界河发源于招远市城西南 11.5 km，铁夼村西的尖尖山南麓，主流全长 45 km，流域面积 589.8 km^2，是招远市内第二大河流，占招远全市总流域面积的 42.7%。界河呈东南—西北走向，在招远市辛庄镇注入渤海。受流域内黄金采选、粉丝加工及化工生产迅速发展的影响，导致流域内的水资源不足和水污染严重。近年来，通过当地政府综合治理和群众环保意识的增强，河水水质状况得到有效改善。

图 3-6　界河入海口

7）大沽夹河（图 3-7）

大沽夹河地处烟台市东北部，流经海阳、栖霞、蓬莱、福山区、烟台开发区等地区，干流全长 143 km，流域面积 2 296 km^2。大沽夹河由内夹河、外夹河两大支流汇合而成。

图 3-7　大沽夹河入海口

8）母猪河（图 3-8）

母猪河又称木渚河、黑水河，为威海市文登区第一大河，分东、西两条干流，干流总长 65 km，流域面积 1 278 km^2，年平均径流深 297.4 mm。

图 3-8　母猪河入海口

9）乳山河（图 3-9）

乳山河位于乳山市境内，发源于马石山南麓的垛鱼顶，全长 65 km，平均坡度 0.47%，流域面积 954.3 km^2，最大水深 2.65 m。汛期最大流量 2 583 m^3/s，最大含沙量 8.7 kg/m^3；枯水期最小流量 0.018 m^3/s，平均含沙量 1.36 kg/m^3。

图 3-9　乳山河入海口

10）五龙河（图 3-10）

五龙河因五条较大河流汇于莱阳五龙峡口而得名。五条河流为清水河、富水河、蚬河、白龙河和墨水河。其中，以清水河最长，为五龙河干流，它发源于栖霞县牙山北麓，流经莱阳照旺庄、古柳、吕格庄、团旺、姜疃、高格庄、穴坊、羊郡八个镇街，全长 64 km，河床宽 100~400 m，流域面积 495.2 km^2。五龙河流域多年平均年降水量为 754.6 mm，流域多年平均年径流量为 7.17×10^8 m^3。五龙河接纳了沿岸大量市政生活污水、工业废水。五龙河在莱阳市羊郡镇注入黄海丁字湾。

图 3-10 五龙河入海口

11）傅疃河（图 3-11）

傅疃河位于日照市境内，源于五莲县韩家窝洛大马鞍山，在奎山乡夹仓村东南注入黄河。河长 51.5 km，流域面积 1 048.2 km^2。

12）绣针河（图 3-12）

绣针河是山东、江苏两省的边界河道，发源于山东省莒南县，流经日照市和连云港市赣榆区，沿两省边界流入黄海海州湾。河道全长 46 km，省界段流域面积 89.7 km^2。绣针河流域西北属低山丘陵区，东南为洼地，地貌起伏不平，海拔高度为 0.5~385 m，冬春多干旱，夏秋多洪涝。

图 3-11　傅疃河入海口

图 3-12 绣针河入海口

图 3-13 为 2010 年以来山东省实施监测的主要入海河流分布示意图。表 3-2 为山东省重点入海河流入海口海域功能区要求。

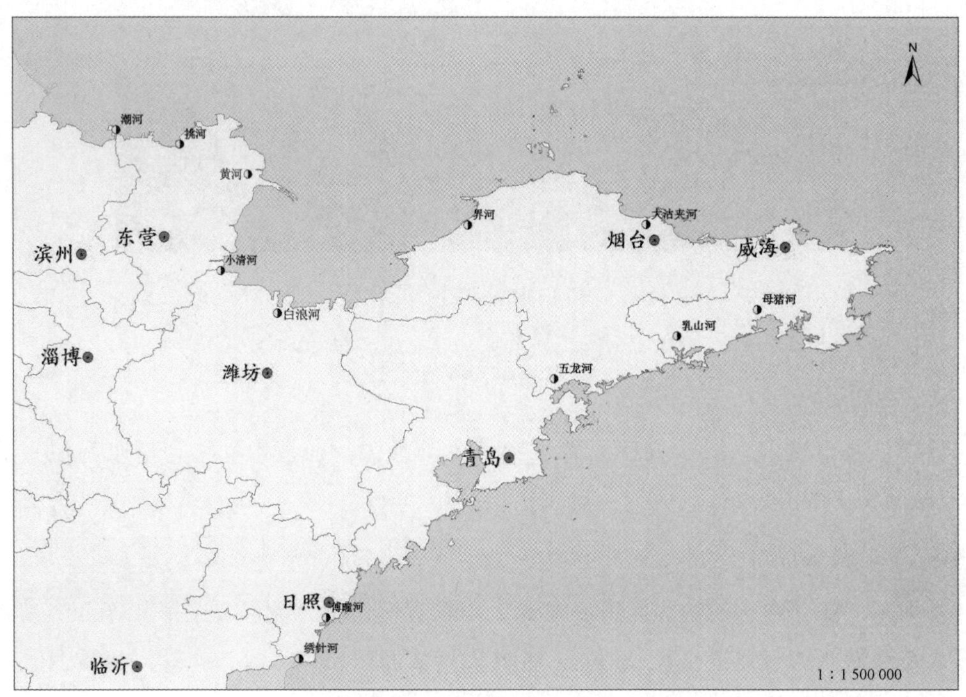

图 3-13　2010 年以来山东省实施监测的主要入海河流分布示意图

表 3–2　山东省重点入海河流入海口海域功能区要求

序号	入海河流名称	入海口海域功能区名称	海洋环境保护要求
1	黄河	黄河三角洲海洋保护区	生态保护重点目标：原生性湿地生态系统及珍禽 环境保护要求：严格执行国家关于海洋环境保护的法律、法规和标准，加强海洋环境质量监测。维持、恢复、改善海洋生态环境和生物多样性，保护自然景观。海水水质、海洋沉积物质量和海洋生物质量均执行一类标准
2	潮河	东营河口海洋保护区	生态保护重点目标：文蛤和浅海贝类资源 环境保护要求：严格执行国家关于海洋环境保护的法律、法规和标准，加强海洋环境质量监测。减少保护区周边海域环境点面源污染，严格查处违法违规排污、倾倒废弃物等不利于环境保护与资源恢复行为。海水水质不劣于二类标准，海洋沉积物质量和海洋生物质量不劣于一类标准
3	挑河	滨州—东营北农渔业区	生态保护重点目标：传统渔业资源的产卵场、索饵场、越冬场、洄游通道等；老黄河口半滑舌鳎种质资源 环境保护要求：加强海洋环境质量监测。防止渔港环境污染，加强环境综合治理。河口实行陆源污染物入海总量控制，进行减排防治。油气资源开发注意保护海洋资源环境，防止溢油，避免对毗邻海洋保护区产生影响。渔业设施建设区海水水质不劣于二类标准（渔港区执行不劣于现状海水水质标准），海洋沉积物质量和海洋生物质量均不劣于二类标准。水产种质资源保护区、捕捞区海水水质、海洋沉积物质量和海洋生物质量均不劣于一类标准。其他海域海水水质不劣于二类标准，海洋沉积物质量和海洋生物质量均不劣于一类标准
4	小清河	羊口港口航运区	生态保护重点目标：港口水深地形条件；湿地资源 环境保护要求：加强海洋环境质量监测。河口实行陆源污染物入海总量控制，进行减排防治。避免对毗邻海洋保护区产生影响。港口区海域海水水质不劣于四类标准，海洋沉积物质量和海洋生物质量均不劣于三类标准。航道及锚地海域海水水质不劣于三类标准，海洋沉积物质量和海洋生物质量均不劣于二类标准
5	白浪河	白浪河特殊利用区	生态保护重点目标：河口生态系统 环境保护要求：海水水质不劣于四类水质标准，海洋沉积物质量和海洋生物质量不劣于三类标准
6	界河	龙口湾工业与城镇用海区	生态保护重点目标：近岸生态系统 环境保护要求：加强海洋环境质量监测，加强工业区环境治理及动态监测；实行陆源污染物入海总量控制，进行减排防治。海域开发前基本保持所在海域环境质量现状水平。开发利用期执行海水水质不劣于三类标准，海洋沉积物质量、海洋生物质量不劣于二类标准

续表 3-2

序号	入海河流名称	入海口海域功能区名称	海洋环境保护要求
7	大沽夹河	烟台金沙滩旅游休闲娱乐区	生态保护重点目标：自然景观、沙滩、钝吻黄盖鲽 环境保护要求：治理和保护海域环境，加强水质监测，控制污染损害事故的发生。河口实行陆源污染物入海总量控制，进行减排防治。妥善处理生活垃圾，避免对毗邻海洋保护区产生影响。本海域文体休闲娱乐区海水水质不劣于二类标准，海洋沉积物质量和海洋生物质量均不劣于一类标准；风景旅游区海水水质不劣于二类标准，海洋沉积物质量和海洋生物质量均不劣于二类标准
8	母猪河	五垒岛湾农渔业区	生态保护重点目标：五垒岛湾自然生态系统 环境保护要求：加强海域污染防治和监测。海域海水水质不劣于二类标准，海洋沉积物质量和海洋生物质量均不劣于一类标准
9	乳山河	乳山湾农渔业区	生态保护重点目标：泥蚶水产种质资源；乳山湾自然环境；传统渔业资源的产卵场、索饵场、洄游通道等 环境保护要求：加强海洋环境质量监测。河口实行陆源污染物入海总量控制，进行减排防治。渔业设施建设区海水水质不劣于二类标准（渔港区执行不劣于现状海水水质标准），海洋沉积物质量和海洋生物质量均不劣于二类标准。水产种质资源保护区、捕捞区海水水质、海洋沉积物质量和海洋生物质量均不劣于一类标准。其他海域海水水质不劣于二类标准、海洋沉积物质量和海洋生物质量均不劣于一类标准
10	五龙河	五龙河口海洋保护区	生态保护重点目标：河口湿地生态系统 环境保护要求：严格执行国家关于海洋环境保护的法律、法规和标准，加强海洋环境质量监测。维持、恢复、改善海洋生态环境和生物多样性，保护自然景观，减少保护区周边海域环境点面源污染。海水水质不劣于二类标准，海洋沉积物质量和海洋生物质量不劣于一类标准
11	傅疃河	日照涛雒农渔业区	生态保护重点目标：海州湾大竹蛏及其生存环境、河口、潟湖湿地生态系统 环境保护要求：加强海洋环境质量监测。河口实行陆源污染物入海总量控制，进行减排防治。渔业设施建设区海水水质不劣于二类标准（渔港区执行不劣于现状海水水质标准），海洋沉积物质量和海洋生物质量均不劣于二类标准。其他海域海水水质不劣于二类标准，海洋沉积物质量和海洋生物质量均不劣于一类标准
12	绣针河	日照岚山头农渔业区	生态保护重点目标：绣针河口海洋生态系统 环境保护要求：加强海洋环境质量监测。河口实行陆源污染物入海总量控制，进行减排防治。渔业设施建设区海水水质不劣于二类标准（渔港区执行不劣于现状海水水质标准），海洋沉积物质量和海洋生物质量均不劣于二类标准。其他海域海水水质不劣于二类标准，海洋沉积物质量和海洋生物质量均不劣于一类标准

注：资料引自《山东省海洋功能区划（2011—2020 年）》。

监测结果表明：经入海河流排海的污染物主要为化学需氧量（COD）、营养盐、石油类、重金属；12 条河流中除界河和大沽夹河外，化学需氧量入海量占监测入海河流污染物总量的比例基本均在 90% 以上（表 3-3）。2015 年以来，多数河流污染物入海总量总体呈降低趋势（图 3-14）。

表 3-3　2010—2017 年山东省主要入海河流污染物入海量统计　　单位：t

入海河流	年份	石油类	COD	营养盐	重金属	砷	污染物总量
黄河	2010	5 849	549 032	14 079	692	30	569 682
	2011	949	180 948	6 438	640	47	189 022
	2012	8 692	439 794	42 423	1 110	56	492 075
	2013	4 911	348 635	15 535	704	40	369 825
	2014	978	156 197	30 726	386	58	229 973
	2015	619	283 097	28 173	316	28	312 233
	2016	640	249 966	8 377	252	12	259 248
	2017	1 748	172 558	22 890	304	13	197 513
小清河	2010	500	113 367	380	661	5	114 912
	2011	2 522	381 195	1 941	433	4	386 095
	2012	198. 65	161 411	1 071	29	2	162 712
	2013	332	178 884	3 350	53	3	182 622
	2014	542	59 849	1 911	10	3	62 315
	2015	217	53 962	1 557	68	2	55 805
	2016	181	64 446	2 453	83	2	67 166
	2017	154	41 872	1 574	149	2	43 750
绣针河	2010	—	3 569	—	—	—	5 227
	2011	2. 2	1 174	36. 7	1. 4	0. 08	1 215
	2012	6. 5	3 678	52. 5	4. 9	0. 3	3 743
	2013	75	7 183	181	10	0. 6	7 450
	2014	12	1 949	55	3	0. 1	2 019
	2015	28	2 071	46	2. 8	0. 2	2 148
	2016	/	/	/	/	/	/
	2017	/	/	/	/	/	/
傅疃河	2010	—	4 644	—	—	—	6 492
	2011	2. 6	1 865	49	2. 4	1. 2	1 921
	2012	6. 3	3 059	83. 3	2. 6	1. 6	3 152
	2013	44	6 182	151	9	0. 5	6 386
	2014	47	4 320	147	6	0. 4	4 520
	2015	23. 4	1 387. 8	59. 6	2. 5	0. 12	1473. 4
	2016	83. 5	4 250. 4	179	6. 9	0. 4	4 520. 2
	2017	79. 4	3 747. 8	129. 9	6. 3	0. 4	3 963. 8
五龙河	2012	4 550	22 392	10 185	44	13. 4	37 184
	2013	923	13 215	3 428	29	7. 4	17 603
	2014	1 934	41 466	1 775	29	6	45 210
	2015	637. 3	7 035. 6	352. 4	11. 3	0. 6	8 037. 1
	2016	3. 8	338. 6	32. 2	0. 5	0. 1	375. 3
	2017	21	984. 2	165. 5	1. 8	0. 3	1 172. 9

续表 3-3

入海河流	年份	石油类	COD	营养盐	重金属	砷	污染物总量
乳山河	2011	2	12 096	232	3. 1	0. 2	12 333
	2012	1. 2	8 085	323	1. 8	0. 1	8 412
	2013	1	11 077	291	6	0. 03	11 375
	2014	1	11 059	330	5	0. 2	11 395
	2015	2. 6	5 652. 7	351. 2	3. 6	0. 28	6 010. 4
	2016	1	1 343. 6	48	1. 5	0. 02	1 394
	2017	0. 5	964. 5	30	0. 6	0. 02	995. 7
母猪河	2011	2. 7	22 813	1 249	5	0. 5	24 070
	2012	3. 9	31 122	2 278	5. 9	1. 8	33 411
	2013	4	32 262	1 728	17	0. 3	34 011
	2014	4. 16	32 895	1 525	15	0. 6	34 440
	2015	6	9 588	808	7. 7	0. 3	10 410. 3
	2016	3. 2	4 144	214. 6	5	0. 1	4 366. 9
	2017	0. 5	893. 5	47. 7	0. 9	0. 02	942. 6
界河	2010	29	10 012	—	—	3. 4	13 444
	2011	734	13 050	1 432	4. 8	2. 3	15 223
	2012	1 183	9 690	2 294	10. 2	2. 34	13 181
	2013	419	8 980	4 523	12	3. 1	13 937
	2014	508	4 199	2 526	6	5	7 244
	2015	2. 1	463	197	0. 66	0. 16	663. 6
	2016	1. 8	153. 1	58. 9	0. 4	0. 3	214. 5
	2017	3. 4	418. 3	115. 3	1. 4	0. 04	538. 4
大沽夹河	2011	215	12 530	277	9. 2	3. 8	13 035
	2012	1 226	12 521	1 455	17. 5	7. 3	15 227
	2013	720	7 299	987	13	4. 3	9 023
	2014	1 370	10 304	1 389	14	2	13 079
	2015	/	/	/	/	/	/
	2016	/	/	/	/	/	/
	2017	/	/	/	/	/	/
挑河	2010	—	12 949	—	—	—	21 352
	2011	40	2 888	224	89. 2	1. 8	3 243
	2012	7. 4	569	51. 3	2. 42	0. 3	631
	2013	7	16 913	49	2	0. 1	16 971
	2014	14. 52	13 280	238	1	0. 1	13 534
	2015	13	16 500	126. 7	1. 2	0. 15	16 641. 1
	2016	7. 7	313. 9	77. 5	1. 3	0. 2	400. 6
	2017	6. 8	485. 5	105. 4	2. 8	0. 2	600. 8

续表 3-3

入海河流	年份	石油类	COD	营养盐	重金属	砷	污染物总量
白浪河	2011	5.3	8 146	79	0.4	0.15	8 231
	2012	5.5	2 479	248	2.9	0.3	2 735
	2013	5.31	5 796.67	93.26	2.92	0.24	5 898.4
潮河	2010	—	37 680	—	—	—	67 670
	2011	167	18 900	315	43	3.1	19 428
	2012	36	5 027	65	4.4	0.3	5 133
	2013	30	91 840	321	4	0.3	92 195
	2014	29	50 600	768	3	0.1	51 400
	2015	26	30 030	257	3	0.2	30 316.7
	2016	54.4	2 191.6	292	6.5	1.2	2 545.6
	2017	28.6	1 590.9	334.4	4.8	0.9	1 959.5

注："—" 表示数据缺失，"/" 表示未开展监测。

黄河和小清河是山东省陆源污染物排海的主要渠道。其中，黄河是世界上含沙量最高的河流，也是我国仅次于长江的第二长河流；小清河是鲁中地区重要的排水河道。2010 年以来，两条河流主要污染物入海量的监测结果表明：经由黄河和小清河排海的污染物为化学需氧量（COD_{Cr}）、营养盐（氨氮、硝酸盐氮、亚硝酸盐氮、总磷）、重金属（铜、铅、锌、镉、汞、铬）和砷等。其中化学需氧量入海量占监测入海河流污染物总量的比例多在 90% 以上，特别是小清河入海污染物中其比例多年平均约为 97.4%；虽然 2014 年以来小清河污染物入海总量大幅消减，但 COD 入海总量整体仍处于较高水平（图 3-14）。

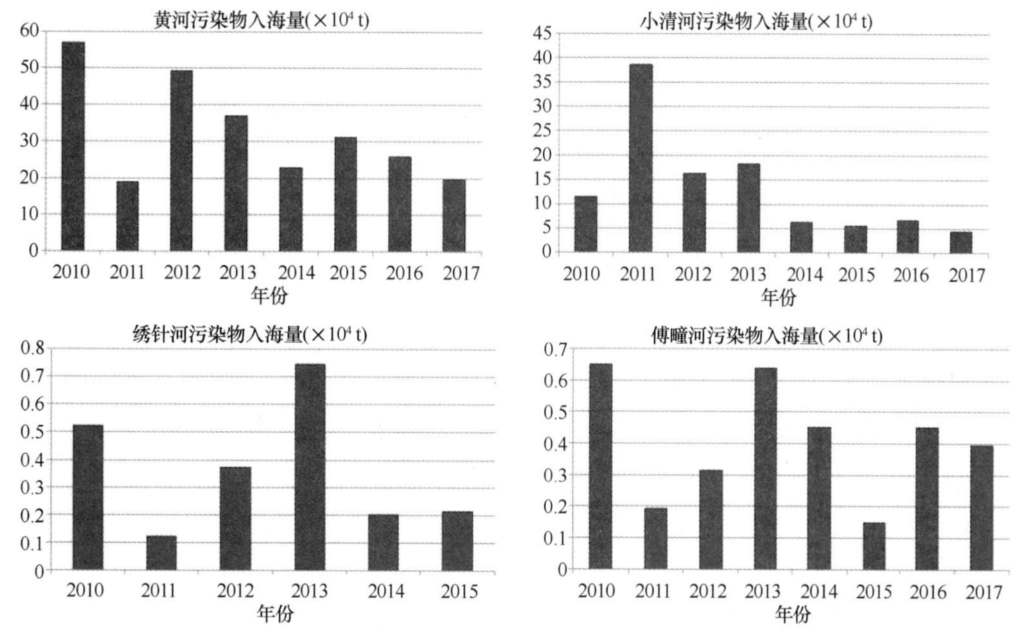

图 3-14　2010—2017 年主要监测河流污染物入海量

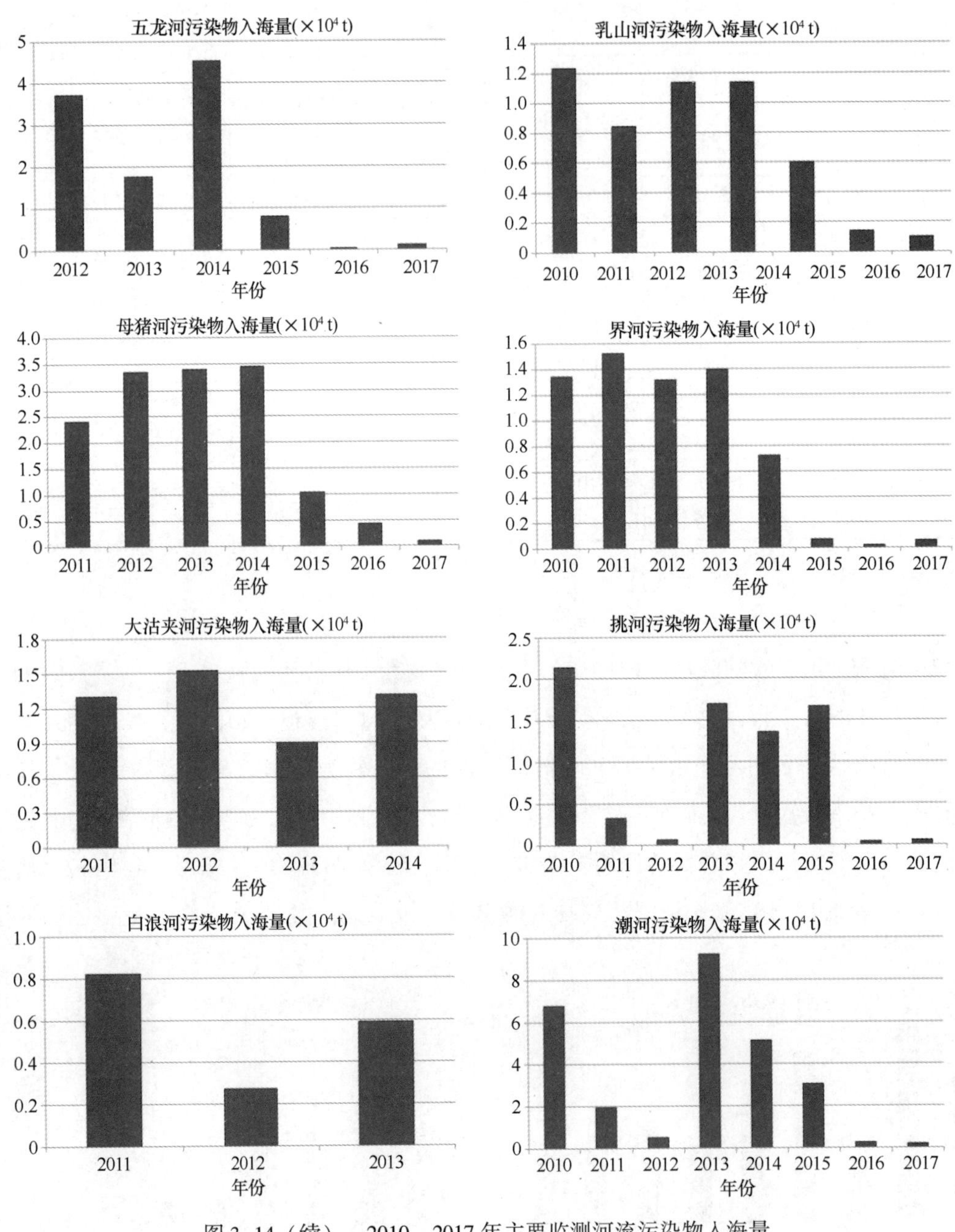

图 3-14（续） 2010—2017 年主要监测河流污染物入海量

3.2 港口、码头

3.2.1 港口开发概况

山东省海岸线绵长，岸线曲折，岬湾相间，港口岸线资源丰富；深水近岸，水域宽阔；除莱州湾和黄河三角洲沿岸外，泥沙来源较少，海湾淤积轻，港池巷道长期稳定，具有优良的建港条件，有 50 多处可建深水泊位的港址，其中可建 10 万～20 万吨级泊位的 20 多处，可建 5 万吨级泊位的 10 多处；较好的港口深水岸线多达 355.9 km。

改革开放 20 多年来，随着我国经济的迅速发展，山东省沿海港口迅猛发展，已初步形成了以青岛、烟台、日照港为主要港口，龙口和威海港为地区性重要港口，滨州、东营、潍坊、莱州、蓬莱、石岛等中小港口为补充的分层次港口布局。2010 年山东省已成为全国唯一拥有 3 个亿吨级海港的省份。随着沿海地区与世界经济的密切联系，造成港口压力不断加增大。1990 年全省沿海港口货物吞吐量为 5 444×10^4 t，2000 年增至 1.6×10^8 t，年均递增 11%，高于全国 9.6%的增长速度；进入 21 世纪吞吐量增长更快，2003 年为 2.6×10^8 t、年均增速达 17%，2004 年达到 3.05×10^8 t。目前，全省港航已累计投资数百亿元，港口年吞吐量达 10 余亿吨。

3.2.2　油气开发概况

山东省油气开发产业整体呈以东营为中心，向周围辐射扩散的态势，沿海地区以东营、青岛、滨州3 个城市最为突出，构成了一种点状分布结构。其中，东营市主要以天然原油和天然气开发为主，并伴生一些为油气开采提供服务的产业。滨州、青岛则主要以油气加工业为主，提供油气开采与加工服务。东营石油海洋油气相关产业 120 余家，总资产近 800 亿元，集中了山东省 37.6%的企业和 84%的资产，是海洋油气业经济活动空间分布与组合的重心（表 3-4）。

目前，全省共有海上钻井平台 91 个，服务平台 3 个，在建 2 个。海上油井井喷事故率一般为 0.01%~0.1%，据统计，海上石油产量达到 5 000×10^4 t 时，每年入海的溢油量平均可达到 2×10^4 t。因此，随着海上石油开发规模逐年扩大，海上溢油事故的风险将显著增加。

表 3-4　山东省沿海 5 市海洋油气产业分布情况

地市	企业数量（个）	总资产（千元）	企业数量比重（%）	总资产比重（%）
滨州市	26	675 929	8.0	0.8
东营市	123	75 743 669	37.6	84.4
潍坊市	23	1 665 338	7.0	1.9
烟台市	10	687 213	3.1	0.8
青岛市	29	711 841	8.9	0.8

注：比重的计算为企业个数和总资产数除以相应的山东省海洋油气总量。

3.2.3　溢油风险识别

近年来，山东省海上溢油等突发污染事件风险加剧。据统计，自 2006 年以来，山东省周边海域发生海上溢油事件 50 余起，其中对山东省海域造成重大影响的就有 20 多起，其余 30 多起为无主溢油。随着海洋油气资源开发力度增大，交通运输船舶沉没、碰撞等溢油事故频繁发生。此外，山东省是我国的重要经济区，沿海地区有各类港口 30 余个，海上运输繁忙，每年进出各港口的船舶超过 10 万艘次，也增大了山东省海域海上溢油事故的风险。

山东省溢油事故高发区主要分布在东营、烟台、威海、青岛附近海域。近年来，海上突发污染事件风险不断加剧。2011 年发生了蓬莱 19-3 平台溢油事故；2013 年 11 月 22 日，青岛中石化东黄输油管线发生爆燃事故，导致原油入海；小面积的海上无主漂油也时有发现，对海洋生态环境保护、海水养殖和滨海旅游等均产生极大的不利影响。

石油勘探、开采、加工、储运、使用、溢油事故等都可能造成石油污染。山东省溢油风险主要来自油气采集、运输、存储过程产生的溢油事故以及轮船发生的溢油事故。东营地区盛产石油，油气田开发导致的漏油事故是该地发生溢油的主要风险源之一。长岛及成山头海域是连接渤海和黄海的交通要道，每年有大量船舶通过该海域，轮船溢油事故频发使该地区成为溢油风险高发区。此外，威海新港、威洋石油码头及富海华燃料油中转库设计油类储存量50余万立方米、日照港实华原油码头建有目前国内最大的原油输送管道，设计年吞吐量2 000×10^4 t；这些港口及储油库均为溢油高风险区域。

1）滨州市溢油风险源

滨州市所辖海域没有海上石油钻井平台及相应的油气管道，但分布有富滨码头、畅海码头、天马码头、裕泰码头等多处港口码头，船舶事故为滨州市最大溢油风险源。

2）东营市溢油风险源

（1）油气田及其输油管路溢油风险（表3-5）

东营市溢油风险主要来自油气采集和运输过程产生溢油事故，东营市海洋油气资源丰富，近海海域探明含油面积380. 1 km^2，储量占胜利油田石油储量的1/4以上，其中大部分分布在河口区，其他县区相对较少。除了胜利油田的2个100万吨级浅海油田——埕岛油田和孤东油田外，还有青东、垦东、埕东、飞雁滩以及桩西采油厂等中小型海上油气田分布在全市的沿海海域。

表3-5 东营市油气田开发风险源

序号	高风险溢油源	分布区域或岸段	主要油品名称	周边功能区类型
1	青东5-1	37°25′36″N、119°01′59″E	探井	保护区、养殖区
2	青东5-2	37°26′40″N、119°00′47″E	探井	保护区、养殖区
3	青东11	37°25′12″N、118°59′12″E	探井	保护区、养殖区
4	青东5-7	37°27′46″N、119°00′48″E	探井	保护区、养殖区
5	青东121	37°28′02″N、119°4′19″E	探井	保护区、养殖区
6	1号台YX3井场高架罐	37°19′05″N、118°56′35″E	原油	养殖区
7	2号台Y3-4-X14井场高架罐	37°20′29″N、118°56′29″E	原油	养殖区
8	3号台Y3-2井场高架罐	37°19′54″N、118°56′48″E	原油	养殖区
9	4号台Y3-1井场高架罐	37°19′45″N、118°56′51″E	原油	养殖区
10	5号台YX9井场高架罐	37°19′25″N、118°56′57″E	原油	养殖区
11	Y3-X6井场高架罐	37°20′24″N、118°56′49″E	原油	养殖区
12	Y3-1HF井场高架罐	37°20′17″N、118°56′56″E	原油	养殖区
13	桩西采油厂	仙河镇	石油、天然气	石油勘探、旅游
14	海洋采油厂	仙河镇	石油、天然气	石油勘探、旅游
15	利津县海域	刁口乡	石油	养殖区
16	垦东405井	37°51′29″N、119°08′30″E	原油	保护区、养殖区
17	垦东403井	37°51′48″N、119°09′55″E	原油	保护区、养殖区
18	KD80海上平台	37°56′04″N、119°10′23″E	原油	保护区、养殖区
19	KD481井组	37°56′24″N、119°13′29″E	原油	保护区、养殖区

续表 3-5

序号	高风险溢油源	分布区域或岸段	主要油品名称	周边功能区类型
20	KD34A 井组	37°54′44″N、119°07′34″E	原油	保护区、养殖区
21	KD34B 井组	37°55′09″N、119°08′28″E	原油	保护区、养殖区
22	KD34C 井组	37°55′50″N、119°09′16″E	原油	保护区、养殖区
23	KD47 海上平台	37°55′28″N、119°11′54″E	原油	保护区、养殖区

（2）港口、船舶溢油风险（表 3-6）

2012 年东营港共有 8 个油品液体化工码头投入使用，这 8 个码头分别是：中海油 2 个 5 万吨级原油、燃料油码头，2 个 5 000 吨级成品油码头；万通石化 2 个 2 万吨级原油、燃料油码头；宝港国际的 2 个 5 000 吨级别的化工码头。东营港配套的输油管线也已逐渐成形。从东营港到中海沥青股份有限公司的输油管线正在进行立项，据悉该输油管线的输送能力为 500×10^4 t/a。另外，中海石油化工有限公司也正在筹备建设 150×10^4 t/a 的输油管线，将原油直接从东营的油库管输到炼油厂。

表 3-6　东营市港口分布

序号	港口名称	地理位置	年吞吐量（t）
1	东营港	河口区	$3\ 000\times10^4$
2	红光渔港	垦利红光渔业办事处	710
3	小岛河渔港	垦利区永安镇	510
4	刁口渔港	利津县刁口乡	300
5	广利河渔港	东营区	
6	广饶县支脉河渔港	广饶县	

（3）溢油风险敏感区

东营滩涂广阔，浅海水质优良，营养盐丰富，浮游生物繁盛，近海渔业资源丰富，近海滩涂尤其适合贝类生长，是中国浅海贝类资源原始分布核心区之一。东营市海水增养殖业发展势头迅猛，仅东营北部沿海的现代生态渔业示范区海水池塘及工厂化养殖面积即达 1 万余公顷，养殖品种有海参、对虾、蟹子及鱼类；东营辖区内分布着许多国家级海洋特别保护区（表 3-7），保护对象涉及贝类、鱼类及沙蚕等多种生物资源。一旦发生溢油事故，必然对邻近海域的海洋生态及水产养殖业造成重大损害。

表 3-7　东营市国家级海洋特别保护区分布

序号	保护区名称	位置	面积（km^2）	主要保护对象
1	东营莱州湾蛏类生态国家级海洋特别保护区	东营区	210. 24	小刀蛏等海洋资源
2	东营广饶沙蚕类生态国家级海洋特别保护区	广饶县	82. 82	双齿围沙蚕为主的多种底栖经济物种
3	东营河口浅海贝类生态国家级海洋保护区	河口区	396. 00	文蛤等底栖贝类资源
4	东营黄河口生态国家级海洋特别保护区	垦利区	926. 00	黄河口海洋资源
5	东营利津底栖鱼类生态国家级海洋特别保护区	利津县	94. 04	黄河口底栖鱼类

3）潍坊市溢油风险源

潍坊所辖海域无专用的油轮航道、化工、油码头，海上石油平台、炼油场所和输油管道，仅潍坊森达美港有小型油库；潍坊市溢油风险来自船舶碰撞事故及港口储油场所，见表3-8。

表3-8　潍坊市港口分布

序号	港口名称	地理位置	年吞吐量（$\times10^4$ t）
1	羊口港	寿光市小清河入海口处	120
2	寿光港	寿光市小清河入海口处	1 000
3	昌邑市下营渔港	昌邑市下营镇	6（卸货）
4	潍坊森达美港	寒亭（滨海开发区）	2 200

4）烟台市溢油风险源

（1）溢油风险源

溢油风险源主要为运输船舶、海上油气田、港口油库及渔港等。烟台市港口多，区位优势突出，是北方重要的客滚运输中心和集装箱贸易口岸。2011年，仅芝罘湾港区完成货物吞吐量1.1$\times10^8$ t，集装箱140$\times10^4$ TEU，旅客吞吐量约占全省港口客运的1/4。其他可能污染源还有蓬莱市安邦油港有限公司、开发区烟台港西港区石油化工码头、莱州东方石油化工港储有限公司、山东省龙口煤炭储备配送基地项目。据不完全统计，2005—2013年，烟台市周边海域连续共发生29起溢油污染事件，危及长岛、蓬莱、龙口、招远、莱州、芝罘等县市区海域，其中发生在长岛海域的溢油事件有17次。长岛海域为溢油高发区，每年船舶燃料油及原油泄漏事故有2~3次，对周边海域生态环境及经济发展造成较严重的影响；据初步测算，长岛县溢油污染造成的直接经济损失超过25亿元。2005年以来，烟台海域发生的溢油事件见表3-9。

表3-9　2005—2013年烟台海域溢油事件

发生时间	发生海域	事故原因
2005年12月28日	长岛、莱州、招远、龙口、蓬莱、烟台开发区、牟平区	中海发展“大庆91”轮舱体破裂，原油泄漏
2007年3月4日	芝罘区、牟平区	马来西亚籍“山姆轮”轮搁浅，燃油泄漏
2007年5月12日	烟台开发区、芝罘区、莱山区、牟平区	韩国籍“金玫瑰”轮碰撞，燃油泄漏
2007年7月19日	长岛	“金华夏158”轮碰撞，燃油泄漏
2007年9月15日	烟台正北41 n mile	“畅通”轮沉没，燃油泄漏
2007年10月28日	牟平	朝鲜籍“君山”轮沉没，燃油泄漏
2008年9月20日	长岛	“金华夏158”轮遭海上盗窃，致使油舱燃油泄漏
2012年2月12日	烟台市北部海域	“大庆75”轮碰撞，燃油泄漏
2007年	长岛，共3次	未查到污染源
2008年4月16日	长岛	未查到污染源
2010年	长岛，共4次	未查到污染源，原油和燃料油
2011年	长岛，共3次	未查到污染源，原油和燃料油
2013年	长岛，共3次	未查到污染源，燃料油

续表 3-9

发生时间	发生海域	事故原因
2008 年 2 月 18 日	牟平区姜格镇	未查到污染源
2011 年 11 月 25 日	龙口和蓬莱海域	未查到污染源
2012 年 12 月	蓬莱海域	未查到污染源，燃料油
2013 年 3 月 25 日	蓬莱市刘家沟海域	未查到污染源，燃料油
2013 年 4 月、5 月	芝罘区，共 2 次	未查到污染源，燃料油

（2）溢油风险敏感目标

烟台具淤泥质、砂质、基岩等多种海岸类型，地貌多样，适宜于多种生物的栖息繁衍；海水养殖包括池塘、工厂化、浅海筏式及底播等多种模式。烟台有海洋生态和自然保护区 16 个，其中国家级海洋特别保护区 7 个；水产种质资源保护区 10 个，其中国家级 5 个；海滨浴场和旅游度假区国家级海洋公园 1 个，国家 4A 级或 5A 级旅游度假区 7 个，省级旅游度假区 6 个。海洋保护区、水产资源保护区、养殖海区及旅游度假区遍及整个烟台近海，这些均为溢油事件易损目标。

5）威海市溢油风险源

威海沿海岸线最大的溢油风险源是沿海岸线分布的油库。其中，位于威海湾的威洋石油码头油库储量大，是最主要的风险源；其次是沿海岸线的一些渔港码头和游艇码头的油库，数量相对较多，但油储量相对较少。威海三面临海，作为中国沿海贯穿海上南北大通道的枢纽，是黄海与渤海港口往来的必经之地，海上交通发达，仅每年在成山头水域内航行和作业的船舶总数达 15 万艘次以上，大量的散装油类船舶通过成山头水域进出沿海各港口，海上油品年吞吐量近亿吨，繁忙的通航环境下，船舶溢油污染的风险也随之增大，是威海近海最容易发生的溢油风险类型。2009 年 12 月 5 日，香港籍“AFFLATUS”矿轮在刘公岛海域触礁搁浅，泄漏成品油 10 t。威海近海无海底石油管路，同时离石油钻井平台距离也较远，海底石油管道与钻井平台的溢油突发性事故对于威海近海海域海洋环境影响较小。表 3-10 为威海市主要港口分布。

表 3-10　威海市主要港口分布

序号	港口名称	地理位置	年吞吐量
1	威海港新港区	威海湾南部杨家湾东侧	油品吞吐量：18×10^4 m^3
2	威洋石油码头	威海经区海埠村东	油品吞吐量：33. 59 m^3
3	中心渔港	威海市环翠区中心渔港加油站西南	油品储存量：2 000 t

6）日照市溢油风险源

日照海域没有油气田开发，溢油潜在风险源来自港口油库码头及船舶运输。日照港实华原油码头 2011 年 10 月建成投产，建有大型原油专用泊位，具有目前国内最大的原油输送管道，设计年吞吐量 $2\ 000\times10^4$ t，为日照最主要溢油风险源。日照市油气储运风险源如表 3-11 所示。

表 3-11　日照市油气储运风险源调查

序号	港口名称	地理位置	年吞吐量
1	日照实华原油码头 30 万吨级油码头	日照岚北港区	2 000×10^4 t
2	童海港业油品码头及配套罐区	日照岚山港区	190×10^4 t
3	日照港（集团）岚山北港区 10 万吨级油码头	日照岚北港区	800×10^4 t
4	日照港（集团）岚山北港区罐区	日照岚北港区	储罐 320×10^4 m^3
5	岚桥集团沥青项目专用码头	日照岚北港区	100×10^4 t
6	童海港业油品码头及配套罐区	日照岚山港区	190×10^4 t

3.3　海洋工程

近年来，山东省沿海地区经济社会快速发展，沿海地市对拓展发展空间的需求持续增加。虽然围海造地等海洋开发活动增大了我国陆域面积，但因其改变了海域水深、流速和波浪条件，致使海岸动态平衡遭到破坏。特别是一些无序用海行为，导致海岸水动力系统变化剧烈，减弱了海洋的环境承载力，生物多样性降低，近岸海域自然岸带资源严重缩减，削弱了海岸生态系统的综合服务功能。区域海洋生态环境和滩涂湿地系统正承受着巨大压力。

卫星遥感监测发现，1990—2010 年莱州湾面积减少量逐年增加（表 3-12），成为环渤海地区围填海面积最大、开发强度最强的区域。黄河三角洲不断向海淤进，莱州湾海岸线因养殖池充填造成岸线缩短数百千米。

表 3-12　1990—2010 年莱州湾各时期面积减少情况

海湾名称	海湾面积（hm^2）	1990 年	2000 年	2005 年	2007 年	2008 年	2010 年	用海类型
莱州湾	413 480.9	101 571.9	108 414.1	133 478.3	141 757.9	141 757.9	143 831.0	盐田、养殖、港口、工业

自 2013 年渤海近岸施行区域限批以及 2014 年全国同步实施区域限批制度后，全省海洋工程项目逐步减少。2012—2017 年，山东省核准的海洋工程分别有 67 个、76 个、79 个、43 个、53 个、15 个，主要集中在莱州湾、胶州湾、芝罘湾、海州湾近岸，其周边海域环境压力较大。其中，截至 2017 年核准的项目从区域分布上潍坊和烟台占比较大（图 3-15）。

针对海洋工程类风险源，应定期对山东省海洋工程建设项目进行详细排查，全面掌握山东省海洋工程建设情况。进一步规范涉海工程环境影响监管，提高审批效率和服务水平。完善涉海工程环境保护综合管理体系，落实监管责任，扎实做好海洋工程审批、监管、跟踪监测工作，实现环评规范化和海洋环保监管常态化。充分发挥“两级政府、三级管理、四级网络”的作用，建立海洋工程建设项目防治污染措施联动防控网络与海洋违法建设预警和联动机制。切实加强全省海洋工程跟踪监测工作，实现山东省海洋工程环境影响跟踪监管监测全覆盖，对保护海洋生态环境、维护社会稳定具有重要意义，同时也可为海洋科学开发利用和海洋污染应急防治提供决策依据。

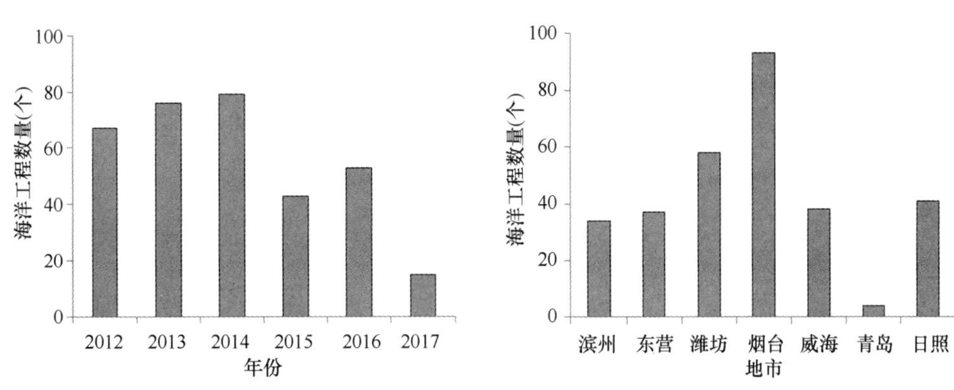

图 3-15　截至 2017 年核准的山东省海洋工程数量及地域分布

近年来，在国家及省市各级政府及相关部门的大力监管下，山东省海洋/海岸工程数量大幅减少，同时，坚持“尊重自然、生态优先”的原则，持续开展区域海洋生态修复工作，实施海岸带保护修复工程项目建设。

3.4　海水养殖

山东省海水养殖模式主要包括底播养殖、筏式养殖、池塘（围堰）养殖、网箱养殖及工厂化养殖。养殖品种主要包括蛤仔、扇贝、牡蛎、蛏类、海带、裙带菜、虾蟹类、海参（表 3-13）。依据山东省海洋功能区划，全省农渔区面积约为 284×10^4 hm^2。

表 3-13　2017 年山东省浅海增养殖概况

海水增养殖区片	主要养殖方式	主要增养殖品种	养殖面积（hm^2）	产量（$\times10^4$ t/a）
滨州—东营北近岸贝类养殖区（滨州区片）	底播	文蛤、缢蛏、四角蛤蜊	23 333	10.691 9
	池塘	南美白对虾、斑节对虾、三疣梭子蟹	14 667	0.81
滨州—东营北近岸贝类养殖区（河口区片）	底播	四角蛤蜊、紫壳阿文蛤、日本角吻沙蚕、加州齿吻沙蚕、细长竹蛏	17 333	6
莱州湾南岸养殖区（Ⅰ区）（垦利—广饶区片）	底播	四角蛤蜊、缢蛏	49 000	17
莱州湾南岸养殖区（Ⅰ区）（潍坊区片）	底播	菲律宾蛤仔、文蛤、毛蚶、四角蛤蜊、泥螺、青蛤、脉红螺、长竹蛏、牡蛎	5 333	3.095
莱州湾南岸养殖区（Ⅱ区）（莱州—招远区片）	筏式	海湾扇贝	38 690	25.391 4
	底播	菲律宾蛤仔	18 249	2.913 4
	人工渔礁	刺参	14 666.6	0.055 7
龙口—蓬莱—长岛近岸养殖区（龙口区片）	筏式	海湾扇贝、牡蛎、贻贝	5 525	2.068 9
	底播	刺参	1 133	0.127 5
龙口—蓬莱—长岛近岸养殖区（蓬莱区片）	筏式	牡蛎、海湾扇贝、栉孔扇贝	3 408.5	2.5
	底播	刺参	1 927.1	0.012

续表 3-13

海水增养殖区片	主要养殖方式	主要增养殖品种	养殖面积（hm^2）	产量（$\times 10^4$ t/a）
龙口—蓬莱—长岛近岸养殖区（长岛区片）	筏式	栉孔扇贝	3 000	6.2
烟威近岸养殖区（Ⅰ区）（牟平区片）	筏式	海湾扇贝	6 180	9.587 9
	底播	刺参	2 530	0.438 2
烟威近岸养殖区（Ⅰ区）（威海环翠区片）	筏式、底播	海湾扇贝、海带、刺参	28 833	
烟威近岸养殖区（Ⅱ区）（荣成区片）	筏式	海带	5 400	12.356
	筏式	牡蛎、海湾扇贝、鲍鱼	1 501	7.924 9
	网箱	鲈鱼、牙鲆	22	0.101 0
烟威近岸养殖区（Ⅲ区）（文登区片）	筏式	牡蛎	8 500	
	筏式	条斑紫菜		
	底播	泥蚶、毛蚶、魁蚶	3 200	
烟威近岸养殖区（Ⅲ区）（乳山区片）	筏式、底播	太平洋牡蛎、菲律宾蛤仔	5 300	30
烟威近岸养殖区（Ⅲ区）（海阳—莱阳区片）	底播	菲律宾蛤仔、中国蛤蜊、缢蛏	3 949	7.720 6
	池塘	南美白对虾、日本对虾、三疣梭子蟹	660	0.2
	滩涂	缢蛏	660	1
日照近海养殖区	筏式	牡蛎、贻贝、栉孔扇贝、魁蚶、海带、龙须菜、裙带菜	33 000	26
	底播	菲律宾蛤仔、刺参	2 500	2.5

自2013年以来，每年夏季高温时段，在牟平至威海北海、莱州养殖区均不同程度出现了底层海水缺氧，导致养殖生物大量死亡事例。2007年以来，黄海水域连年暴发浒苔绿潮，绿潮藻在半岛南部沿岸的聚集及腐烂分解，严重困扰着滩涂贝类养殖、池塘养殖及纳水工厂化养殖。

3.4.1 主要养殖区块概况

3.4.1.1 滨州—东营养殖区

滨州—东营养殖区位于渤海湾西南部，所辖行政区域包括滨州市无棣县、北海新区、沾化区及东营市河口区。该区为平原海岸，潮滩广阔且平坦，潮间带宽带可至10 km以上；海底地形平坦，水深较浅、变化较均匀，底质多为粉砂质黏土软泥或细粉砂。以池塘（盐田）养殖、潮间带和潮下带的底播养殖为主，工厂化养殖较少。池塘养殖多分布于潮上带或潮间带，多为人工肥水或少量投饵的半精养方式，养殖种类主要有南美白对虾、斑节对虾、三疣梭子蟹等。底播养殖区分布于潮间带或潮下带，养殖品种主要有四角蛤蜊、文蛤、蛏类、毛蚶、沙蚕等。

3.4.1.2　莱州湾南岸养殖区

莱州湾南岸养殖区位于黄河口以南至招远金城之间。包括东营垦利、广饶养殖区及潍坊养殖区、莱州—招远养殖区。莱州湾东营段与滨州—东营北水域同属黄河三角洲类型，养殖方式及品种类似。小清河至莱州虎头崖以西海域岸滩组成以粉砂为主，浅海底质多为粉砂质黏土软泥或细粉砂；岸滩宽度 4~6 km，窄于黄河三角洲养殖区，主要养殖方式为底播养殖、池塘养殖、工厂化养殖及少量筏式养殖；底播养殖品种主要有蛤类、蛏类、牡蛎、毛蚶等，工厂化养殖品种主要有鲆鲽类，池塘养殖品种主要有对虾、梭子蟹、刺参等，筏式养殖品种为海湾扇贝。莱州虎头崖—招远段近岸多为砂或砾石，岸滩变窄，养殖方式主要为筏式养殖、底播养殖、工厂化养殖及少量网箱养殖，其中，浅海筏式、底播养殖品种多为海湾扇贝及刺参类。

3.4.1.3　烟威北部养殖区

烟威北部养殖区位于莱州虎头崖至荣成人和镇之间海域，包括烟台及威海的大部分养殖区。近岸多为礁石或沙砾，随着水深增加，底质粒度变细，以粉砂为主。岸滩狭窄，水深，坡度变化大。以筏式养殖、底播养殖及工厂化养殖为主，养殖主要品种有扇贝、海带、牡蛎、海参、鲍鱼、裙带菜及鲆鲽鱼类等。

3.4.1.4　烟威南部养殖区

烟威南部养殖区位于靖海湾至丁字湾之间海域，包括文登、乳山、海阳及莱阳养殖区。该区主要养殖方式为底播养殖、筏式养殖、池塘养殖及工厂化养殖，养殖主要品种有蛤仔、牡蛎、虾蟹及鲆鲽鱼类等。

3.4.1.5　半岛南部养殖区

半岛南部养殖区位于青岛至日照一带海域。近岸以沙砾为主，兼有少量岩礁分布，水稍深处，以细砂分布为主。养殖方式为筏式养殖、底播养殖、池塘养殖及工厂化养殖，养殖品种主要有贻贝、扇贝、蛤仔、魁蚶、刺参、紫菜及裙带菜等。

3.4.2　存在的问题

依据《海水增养殖区环境监测与评价技术规程（试行）》对山东省 15 个浅海海水增养殖区进行评价，评价结果见表 3-14。开展监测的 15 个海水增养殖区片中，综合环境质量等级均为优良，但存在着磷限制性贫营养状态、个别区域无机氮富营养化、海水 pH 值较高等问题；少量站位海水石油类轻度超标，个别站位沉积物中汞、镉等重金属轻度污染；少数双壳贝类样品生物体石油烃含量超标。

表 3-14　2017 年山东省海水增养殖区综合环境质量评价结果

养殖区名称	环境质量综合指数	综合环境质量等级	潜在的主要环境问题
滨州—东营北近岸贝类养殖区（滨州区片）	96.5	优良	无机氮相对富营养化，存在磷限制性贫营养状态
滨州—东营北近岸贝类养殖区（东营河口区片）	97.2	优良	存在磷限制性贫营养状态，沉积物中有机碳含量较高
莱州湾南岸养殖区（Ⅰ区）（垦利—广饶区片）	97.3	优良	无机氮相对富营养化，存在磷限制性贫营养状态，养殖贝类中石油烃含量较高
莱州湾南岸养殖区（Ⅰ区）（潍坊区片）	94.6	优良	无机氮相对富营养化，存在磷限制性贫营养状态，养殖贝类中石油烃含量较高
莱州湾南岸养殖区（Ⅱ区）（莱州—招远区片）	96.5	优良	存在磷限制性贫营养状态，沉积物中汞含量较高
龙口—蓬莱—长岛近岸养殖区（长岛区片）	100	优良	养殖环境质量优良，满足养殖区环境质量要求
龙口—蓬莱—长岛近岸养殖区（蓬莱区片）	100	优良	养殖环境质量优良，满足养殖区环境质量要求
龙口—蓬莱—长岛近岸养殖区（龙口区片）	97.9	优良	存在磷限制性贫营养状态
烟威近岸养殖区（Ⅰ区）（烟台牟平区片）	97.9	优良	夏季底层海水溶解氧含量较低
烟威近岸养殖区（Ⅰ区）（威海环翠区片）	99.2	优良	存在磷限制性贫营养状态
烟威近岸养殖区（Ⅱ区）（荣成区片）	100	优良	养殖环境质量优良，满足养殖区环境质量要求
烟威近岸养殖区（Ⅲ区）（威海文登区片）	100	优良	养殖环境质量优良，满足养殖区环境质量要求
烟威近岸养殖区（Ⅲ区）（乳山区片）	94.8	优良	存在磷限制性贫营养状态，表层海水夏季溶氧低
烟威近岸养殖区（Ⅲ区）（海阳—莱阳区片）	96.5	优良	存在磷限制性贫营养状态，表层海水石油类、pH 值较高
日照近海养殖区	100	优良	磷酸盐中度贫乏

3.4.3　对策与建议

（1）海水增养殖区环境质量状况良好，基本满足增养殖活动要求，较适宜开展海水增养殖；但氮、磷、硅失衡现象严重，增养殖区普遍呈现磷限制性贫营养状态，且呈逐年加重态势；初级生产力不足、低溶解氧、绿潮次生灾害为养殖生物生长的主要风险因子。

（2）山东省海水增养殖区总体环境质量为东部优于西部，南部优于北部；莱州湾湾底为超标最严重的区域，其次是渤海湾，首要超标要素均为无机氮。

（3）莱州湾、渤海湾氮富营养化程度较高的海域，宜鼓励发展浅海滩涂贝类养殖，以充分利用海洋初级生产力，且净化海水环境。

（4）需限制贝类及藻类养殖规模，尤其是在莱州、荣成等筏式养殖区域；烟威区片适量增加网箱养殖数量，并与其他养殖模式、养殖品种进行间养、轮养，开展时空立体养殖。

（5）绿潮暴发，大量浒苔漂浮聚集到近岸，腐烂分解，破坏海洋生态系统，导致贝类、刺参及纳水养殖虾蟹类大量死亡，严重威胁沿海渔业发展；需加强对增养殖区绿潮环境危害效应及预警体系研究，防范绿潮及次生灾害对海水增养殖业的危害。

（6）2013 年以来，在牟平、威海北海及莱州部分养殖区，连年出现夏季高温时段底层海水严重缺氧现象，低氧灾害涉及范围广、持续时间长，事发区域海洋生物大量死亡、海水养殖业遭遇严重打击；需加强养殖区海水缺氧成因研究分析，规范海洋牧场及海洋工程建设，防范因海洋水动力造成的水交换不足出现的海洋生态灾害。

3.5 其他

近年来，山东省海域各类海洋灾害多发，有毒赤潮种类增加、绿潮暴发成为常态化，近岸局部海域海水入侵与盐渍化仍为严重，极大地影响了全省海域的生态环境状况及其资源供给和服务功能的发挥。

3.5.1 赤潮

目前，山东省近岸海域赤潮呈多发态势，有毒化趋势较为明显。截至 2017 年年底，山东海域赤潮灾害发现次数共计 95 次，累计面积 16 677.7 km^2。其中，最早赤潮记录是 1952 年出现在黄河口一带的夜光藻赤潮，记录面积为 1 400 km^2。1953—1988 年间，没有赤潮记录；1989—2017 年间，赤潮次数和面积呈显著波动变化（图 3-16）。其中，2005 年赤潮发生次数 10 次，为有记录以来最多的一年；而赤潮总面积最大值则出现在 1990 年，当年赤潮面积约 3 751 km^2。

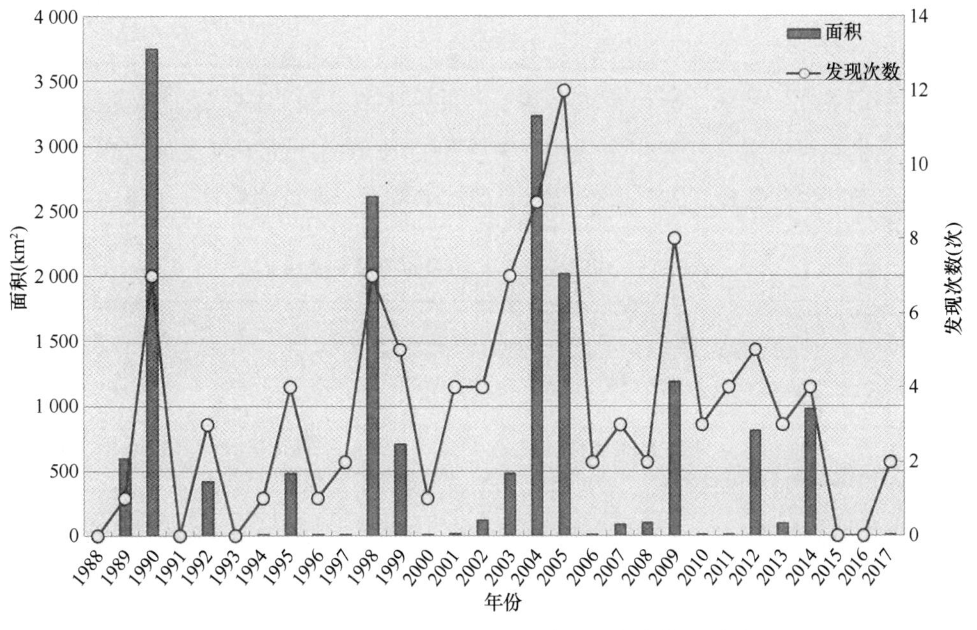

图 3-16　1988—2017 年山东省海域赤潮灾害次数和累计面积

1988 年至今，全省海域赤潮发生频次平均每年 3.1 次，平均面积 509.5 km^2/a。赤潮灾害的发生主要集中在滨州—东营—黄河口、莱州湾、四十里湾、青岛—日照 4 个海域（图 3-17）。黄河口和莱州湾海域成为高发区主要源于渤海湾的半封闭型地理形态，导致水交换不畅和沿岸径流量的大量陆源物质输入。赤潮藻种类主要为夜光藻、红色裸甲藻、红色中缢虫、海洋卡盾藻、中肋骨条藻和棕囊藻等（表 3-15），其中，棕囊藻、塔玛亚历山大藻、红色赤潮藻、赤潮异弯藻、海洋卡盾藻等均为有毒赤潮藻。2010 年以来，全省海域赤潮发生频率有所下降，但仍需密切关注。赤潮发生对全省海洋生态平

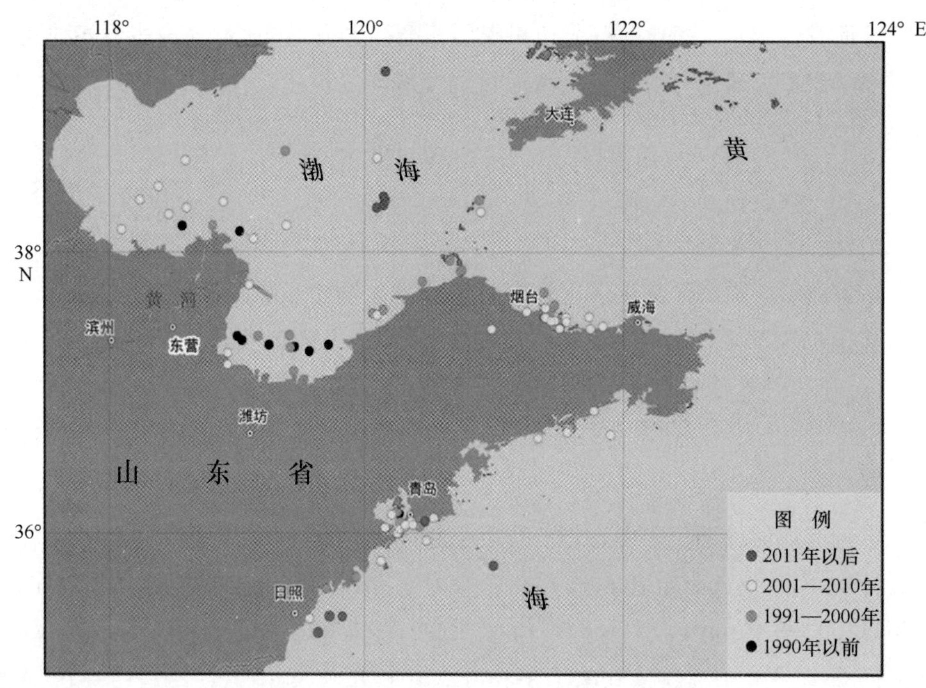

图 3-17　山东省海域赤潮灾害空间分布（1959—2017 年）

衡、海洋渔业和水产资源均造成不同程度的破坏，严重危害人类健康。

根据多年赤潮记录统计结果，全省海域赤潮年内发生次数呈倒“U”形，赤潮次数最多的月份出现在 7 月；而从发生面积来看，其变化曲线呈“M”形，月均统计面积较大值出现在 5 月、6 月和 8 月，尽管 7 月的赤潮发生次数较高，但由于以小面积赤潮为主，其总面积较 6 月和 8 月低（图 3-18）。

表 3-15　1988—2017 年山东省海域赤潮状况

年份	发现次数（次）	累计面积（km^2）	主要赤潮种类
1988	0	0	—
1989	1	600	夜光藻
1990	7	3 751	夜光藻、红色中缢虫
1991	0	0	—
1992	3	421	夜光藻
1993	0	0	—
1994	1	2	角毛藻
1995	4	480	叉角藻、夜光藻
1996	1	1	—
1997	2	5	夜光藻
1998	7	2 612	中肋骨条藻、高贵合形藻、裸甲藻、叉角藻
1999	5	706	红色中缢虫
2000	1	2	夜光藻
2001	3	14. 8	夜光藻、红色中缢虫
2002	4	120	红色中缢虫、裸甲藻、夜光藻、中肋骨条藻

续表 3-15

年份	发现次数（次）	累计面积（km^2）	主要赤潮种类
2003	4	456. 5	红色中缢虫、浅褐色具刺膝沟藻、浅褐色海洋褐胞藻、夜光藻
2004	9	3 230	夜光藻、棕囊藻、红色裸甲藻
2005	10	567	夜光藻、红色裸甲藻
2006	1	2. 37	塔玛亚历山大藻
2007	3	86. 76	赤潮异弯藻、红色裸甲藻、具刺膝沟藻
2008	2	100	海洋卡盾藻
2009	5	244. 8	夜光藻、海洋卡盾藻、赤潮异弯藻、红色裸甲藻
2010	3	12. 5	赤潮异弯藻、海洋卡盾藻、尖刺伪菱形藻、中肋骨条藻
2011	4	2. 516	夜光藻
2012	5	805. 4	夜光藻、旋沟藻、红色赤潮藻
2013	3	80. 039	中肋骨条藻、朱吉直链藻、夜光藻、大洋角管藻
2014	4	975. 01	夜光藻、海洋卡盾藻
2015	0	0	—
2016	0	0	—
2017	2	7	夜光藻

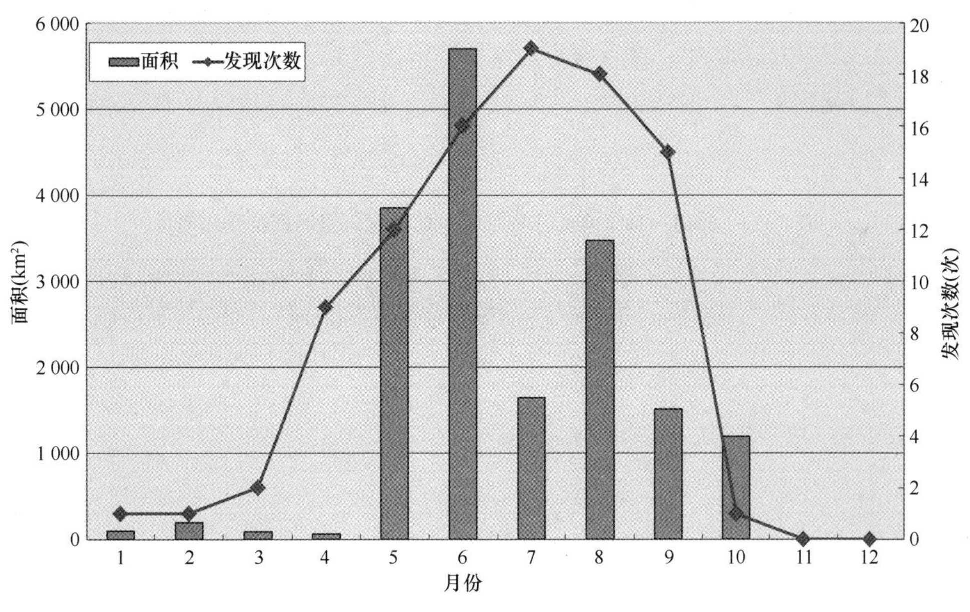

图 3-18　山东省海域赤潮灾害年内发生状况

3. 5. 2　绿潮

绿潮灾害影响仍较为严重。自 2007 年以来，全省海域每年均暴发绿潮。2008—2017 年的监测结果表明，全省海域绿潮年均覆盖面积约 439. 6 km^2，年均最大分布面积达 25 590 km^2。2017 年 5 月 14 日，卫星首次在黄海南部海域发现绿潮；6 月初至 7 月初绿潮主体向北偏西北方向漂移，分布面积与覆盖面积逐渐增大；6 月 19 日，黄海绿潮分布面积和覆盖面积达到最大，分别为 29 522 km^{2}和 281 km^2。

7月上旬绿潮进入消亡阶段，分布面积和覆盖面积迅速减小；7月15日绿潮消失。2017年，山东黄海海域绿潮分布面积是近5年来较小的一年，仅略高于2014年，较近5年平均值减少了14.9%；实际覆盖面积为近5年最低，较近5年平均值减少了44.5%（图3-19）。绿潮较往年出现早、规模小。

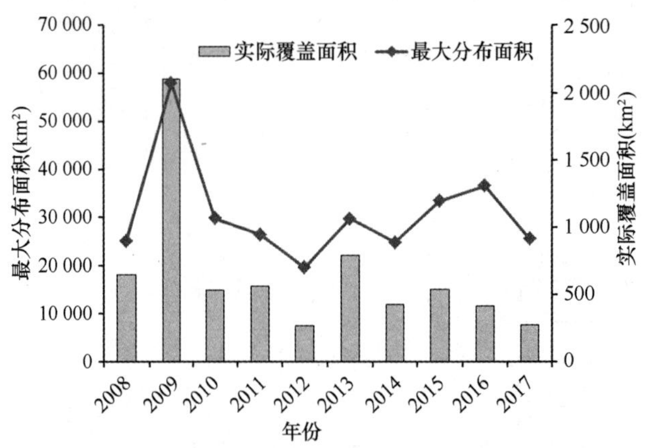

图3-19　2008—2017年山东海域绿潮实际覆盖面积和最大分布面积示意图

3.5.3　海水入侵和土壤盐渍化

海水入侵灾害已成为我国近30年来比较突出的环境灾害，其中以山东省最为突出，严重地制约着沿海开发地区的经济发展。2017年，全省海水入侵形势依然严峻，海水入侵严重地区分布于潍坊，本年度监测到的最大氯化物位于昌邑柳疃断面，为51 853 mg/L。2013—2017年沿海地区海水入侵距离及变化趋势见表3-16。

表3-16　2013—2017年山东省沿海地区海水入侵距离及变化趋势

监测断面位置	海水入侵距离（km）				
	2013年	2014年	2015年	2016年	2017年
滨州无棣	>13.05	>13.05	>13.05	>13.05	/
滨州沾化	>22.48	>22.48	>22.48	>22.48	/
潍坊寿光	>21.66	>21.66	>21.66	>21.66	>21.66
潍坊滨海	29.39	>20.22	20.22	24.84	23.30
潍坊寒亭	22.85	>15.97	>15.97	25.38	25.38
潍坊昌邑柳疃	>13.77	>13.77	>13.77	>13.77	>13.77
潍坊昌邑下营	>15.91	>15.91	>15.91	>15.91	>15.91
烟台朱旺	1.90	>1.99	>1.99	>1.99	>1.99
烟台海庙	>4.85	>4.80	>4.80	4.50	>4.80
威海初村	—	—	1.46	1.44	—
威海张村	3.04	3.0	2.07	1.56	2.03

注：“—”表示未发生；“/”表示无数据；“>”表示海水入侵距离超过监测断面布设长度。

2017年全省土壤盐渍化情况有明显好转，除潍坊寒亭和威海初村断面，其他监测断面均无土壤盐渍化现象。土壤盐渍化严重的地区分布于威海，全省盐渍化类型以硫酸盐型和硫酸盐-氯化物型为主。2013—2017 年沿海地区土壤盐渍化距岸距离及变化趋势见表 3-17。

表 3-17　2013—2017 年山东省沿海地区土壤盐渍化距岸距离及变化趋势

监测断面位置	土壤盐渍化距岸距离（km）				
	2013 年	2014 年	2015 年	2016 年	2017 年
滨州无棣	>14.39	—	6.20	>13.05	/
滨州沾化	>22.58	—	10.66	10.66	/
潍坊寿光	>21.69	21.69	>21.69	—	—
潍坊滨海	—	—	—	—	—
潍坊寒亭	16.03	7.19	7.19	16.00	16.00
潍坊昌邑柳疃	—	—	>13.78	>13.78	—
潍坊昌邑下营	0.51	0.48	0.48	—	—
烟台朱旺	—	—	—	—	—
烟台海庙	—	—	—	—	—
威海初村	>3.61	>3.61	>3.61	>3.61	>3.61
威海张村	>6.37	>6.37	>6.37	>6.37	—

注：“—”表示未发生；“/”表示无数据；“>”表示土壤盐渍化距岸距离超过监测断面布设长度。

3.5.4　海冰

海冰泛指海上出现的各种冰，包括海水本身结冰、入海河冰。渤海、黄海地处中纬度季风气候带，是全球纬度最低的结冰海域之一，每年冬季出现的海冰对渤海航运、海上油气勘探和生产等都有不同程度的影响。

山东渤海沿岸海区冰情分常年冰情和异常年冰情两种情况。以常年冰情来看，山东渤海沿岸从大口河口开始，沿海湾南岸经莱州湾西岸，南岸至莱州湾东岸，冰情逐渐减轻。山东渤海沿岸海区除发生上述常年冰情外，历史上还常出现异常冰情，包括暖冬冰情和冷冬冰情两种情况。山东黄海沿岸，35°38′—37°51′N 为山地港湾海岸，水交换条件好，海水不易结冰。但胶州湾以北黄海沿岸的岬湾深处，在严寒冬季，仍有少量海冰出现，而胶州湾以南的黄海沿岸不出现海冰。

2009—2017 年以来，山东省除了 2009/2010 年冬季冰情达到 4 级外，有 4 年为冰情常年（2012/2013 年冬季冰情为 3.5 级），剩下 4 年为轻冰年或偏轻冰年。

第 4 章　山东省近岸海域环境问题及措施建议

4.1　近岸海域主要环境问题

环渤海地区是我国快速发展的重要经济集聚区和基础产业分布区之一。黄河三角洲等地区正在快速发展，以山东半岛为核心的我国重要的人口集聚区已经形成。环渤海地区 2000 年以后新建的产业集聚区中有 90%分布在海岸带地区，流域和海岸带开发活动带来的污染物排海、自然生境破坏等对渤海海洋生态环境造成的压力也在逐步加重，对渤海海洋资源的过度开发利用问题日益凸显。淡水入海量、陆源排污和海洋开发活动已成为影响区域生态系统健康的主要因素。

4.1.1　陆源入海污染源监测断面超标严重，陆源排污压力巨大

山东半岛是我国重要的人口集聚区，随着近年来沿海地区经济的快速发展，工农业生产企业和沿海居民数量不断增加，随之而来的是向近岸海域排放的污染物量也在快速增加，而可以用于对污水及废弃物的处理回收设施的数量和处理能力严重不足，大量工农业和居民生活废水和废弃物未经有效的无害化处理就被直接或间接排放进入海河流和排污管道中，甚至使得许多自然河流也逐渐变成了向近岸海域排污的通道，这些数量巨大的污染物随入海径流进入近岸海域，对近岸增养殖区等海洋生态环境及滨海旅游度假区等景观设施造成很大的影响和破坏。

工业和生活污水等大量污染物入海，给近岸海域尤其是排污口邻近海域造成巨大环境压力。2010 年以来的监测结果显示，沿岸排污口监测断面超标现象较为普遍，部分排污口邻近海域海水水质劣于四类海水水质标准，生态环境质量较差，陆源排海成为导致近岸海域环境污染和生态损害的主要原因。

4.1.2　海岸带开发压力大，海洋资源环境承载力处于高压临界状态

山东省沿海地区经济社会快速发展，地方政府海洋开发热情高涨，区域海洋生态环境和滩涂湿地系统正承受着巨大压力。近年来，随着渤海用海项目禁止审批，开发强度才逐渐缓解，海洋开发强度的提高，导致地区可持续发展能力逐渐下降，部分海域服务功能日趋减弱。

1）围填海

近年来，环渤海地区由于经济社会的快速发展，沿海省市对采用填海造陆拓展发展空间的需求持续增加。虽然围海造地增大了陆域面积，但不少地方大陆海岸线也发生了变形或缩减。大部分的围填海工程均位于海湾内部，大量围填海的直接后果就是海岸线经截弯取直后长度大幅度减少，海岸动态平衡遭到破坏。

2）海水养殖

山东省是我国最早开展鱼类增养殖研究和开发的地区之一。海岸线绵延 3 300 km，岸线类型包括

基岩岸线、砂质岸线和淤泥质岸线，丰富的岸线类型为滩涂养殖、滨海旅游和港口开发提供了可资利用的空间资源。海水增养殖是对淤泥质类岸线开发利用的主要形式。全省海域海水增养殖方式主要为滩涂养殖、浅海养殖和底播养殖，主要在渤海南部和黄海北部的浅海和滩涂开展生产活动。目前，滨州、东营、潍坊、烟台四地市沿海浅海和滩涂养殖的岸线利用总长度为 299.4 km，占岸线总长度的 10%。养殖规模超容量养殖，特别是工厂化养殖，饵料残渣和养殖生物粪便排海，造成养殖自身污染。

3）港口开发

全省海岸线绵长，岸线曲折，岬湾相间，港口岸线资源丰富；深水近岸，水域宽阔；除莱州湾和黄河三角洲沿岸外，泥沙来源较少，海湾淤积轻，港池巷道长期稳定，具有优良的建港条件，有 50 多处可建深水泊位的港址，其中，可建 10 万~20 万吨级泊位的 20 多处，可建 5 万吨级泊位的 10 多处；较好的港口深水岸线多达 355.9 km。

改革开放 20 多年来，随着我国经济迅速发展，山东省沿海港口迅猛发展，已初步形成了以青岛、烟台、日照港为主要港口，龙口和威海港为地区性重要港口，滨州、东营、潍坊、莱州、蓬莱、石岛等中小港口为补充的分层次港口布局。山东省已成为全国唯一拥有 3 个 3 亿吨级海港的省份。

此外，海岸带资源的日益短缺，优质耕地不断减少，近海生物资源日趋枯竭，将成为沿海地区可持续发展的不利因素；陆源性污染物及海上倾废排放造成沿海地区污染现象日益恶化，已严重影响海岸带地区的工农业生产；由于沿海经济的迅速发展，一旦发生重大自然灾害，造成的经济损失更为严重；人口的趋向海岸带移动，以及沿海地区与世界经济的密切联系，造成区域城市化水平的迅速提高和港口压力的增大，这些都成为海岸带开发中必须面对的问题。

4.1.3　全省海域海上溢油风险大

山东省溢油风险主要来自油气采集、运输、存储过程产生的溢油事故以及轮船发生的溢油事故。随着海上石油开发规模逐年扩大，海上溢油事故的风险显著增加。据统计，自 2006 年以来，全省周边海域发生海上溢油事件 50 余起，其中造成重大影响的就有 20 多起，其余 30 多起为无主溢油。随着海洋油气资源开发力度的增大，交通运输船舶沉没、碰撞等溢油事故频繁发生。此外，山东省是我国的重要经济区，沿海地区有各类港口 30 余个，海上运输繁忙，每年进出各港口的船舶超过 10 万艘次，也将增大全省海域海上溢油事故的风险。

综上所述，淡水入海（入海河流氮、磷）、陆源排污（氮、磷、重金属、其他毒害物质）、海洋开发活动（围填海、海水养殖、港口开发）已成为导致近岸海域环境污染，影响区域生态系统健康的主要因素。

4.2　山东省近岸海域海洋环境治理目标

2015 年，党中央国务院印发了《关于加快推进生态文明建设的意见》，对生态文明建设做出了全面部署，要求加强海洋资源科学开发和生态环境保护，有效保护重要、敏感和脆弱的海洋生态系统，改善近岸海域水环境质量。同年，国务院印发了《水污染防治行动计划》，要求加强近岸海域环境保护，实现近岸海域水质稳中趋好。2017 年 3 月，原环保部办公厅、国家发展改革委办公厅、科技部办公厅等 10 部委联合印发了《近岸海域污染防治实施方案》，要求改善近岸海域环境质量，为经济社会可持续发展提供了良好的生态环境保障。2018 年 11 月，生态环境部、国家发展改革委、自然资源部联合印发《渤海综合治理攻坚战行动计划》，对渤海近岸海域水质的优良比例提出了明确要求。

为贯彻落实党中央、国务院对海洋生态文明建设及近岸海域污染防治的部署要求，山东省陆续制定出台了《山东省落实〈水污染防治行动计划〉实施方案》（鲁政发〔2015〕31 号）、《关于加快推进全省海洋生态文明建设的意见》（鲁海渔〔2016〕9 号）、《山东省近岸海域污染防治实施方案》（鲁环发〔2017〕34 号）等文件，对山东省近岸海域环境治理提出了细化目标与措施要求。

在海洋环境质量管理方面，近岸海域水质管理为重点，总体目标是实现水质稳中趋好。《山东省近岸海域污染防治实施方案》要求，"'十三五'期间，全省近岸海域水质稳中趋好。到 2020 年，近岸海域一类、二类海水比例达到国家考核目标要求"。《山东省打好渤海区域环境综合治理攻坚战作战方案》要求，"到 2020 年，近岸海域水质稳中趋好，水质优良（一类、二类水质）比例达到 88%左右，其中，渤海海域 75%左右"。但需要注意的是，目前的海水水质管理目标并不以海洋功能区达标率为主要依据，也未考虑海洋沉积物及海洋生物质量的改善情况。

在海洋生态系统保护方面，重点目标为留足生态空间，保护典型生态系统。《山东省近岸海域污染防治实施方案》要求，"2020 年底前，全省大陆自然岸线保有率达到 40%以上；海洋国土空间的生态保护红线面积占全省管辖海域总面积的比例不低于 20.4%；全省湿地面积（含滨海湿地）不少于 2 600 万亩（约 17 333 km^2），湿地面积不减少"，将自然岸线保有率、海洋生态保护红线面积和湿地面积作为海洋生态保护的 3 个主要方面，涵盖了从海岸带到海洋等多个主要生态类型。

在防治海洋污染方面，重点目标为减少陆海污染输入。《山东省近岸海域污染防治实施方案》要求，"以氮磷等营养物质控制为重点，不断深化陆源污染防治，加强入海河流综合整治；推进海洋污染防治，加强海水养殖和海洋（海岸）工程污染治理"。方案以陆域污染防治、海洋污染防治作为污染防治的两个重要方面，既要削减陆源污染入海量，又要减少内源污染对海洋环境质量的影响，充分体现了陆海统筹、海陆一盘棋的思路。

4.3 加强海洋环境保护的对策与建议

目前，山东省正在大力实施海洋强省战略，全省上下需要进一步提高海洋生态环境保护认识，转变"重开发，轻保护"观念，加强各项制度建设、重点任务落实和管控措施实施，加强舆论引导和宣传，营造保护海洋环境的良好氛围。

4.3.1 海洋污染防治措施

4.3.1.1 源头预防

"源头预防"是海洋污染防治的重中之重。"治污要治本，治本先清源"，海洋污染防治，如果不重视源头预防，从根本上减少污染物入海量，而把重点放在海洋污染治理上，往往是按下葫芦浮起瓢，既消耗大量人力、物力、财力，又往往收效甚微。因此，以源头预防为重点加强海洋污染防治，从源头上减少污染物排放，才能起到釜底抽薪的作用。以“源头预防”推进海洋污染防治，主要需要改变发展方式，优化经济结构与布局，推动清洁生产，全面控制污染物的产生。

1）产业结构调整

产业结构调整是污染防治的重要控源性手段，重点是通过调整各产业之间的相互关系及在国民经济中的比重，逐步淘汰污染重、耗能高、经济效益低的产业，鼓励发展污染少、经济效益高的高级产业。从源头上减少污染物产生的源头，进而减轻污染防治和环境保护的压力。

在海洋污染防治中，推动沿海城市产业转型升级可以从根本上调整污染物排放种类，减少污染物排放量，进而彻底促进近岸海域环境质量的持续改善。《近岸海域污染防治实施方案》在重点任务的第一条，即明确要“促进沿海地区产业转型升级，加快化解船舶、钢铁、水泥等行业过剩产能，推动产业升级，引领新兴产业和现代服务业发展，加快构建沿海现代农业产业体系”。对工业、农业、服务业三大产业都做出了原则性要求。《山东省海洋生态文明建设方案》则要求“加快推进传统产业改造和结构调整，提高资源集约、节约利用和综合开发水平，大力培育壮大海洋战略新型产业，创新发展海洋生态经济，加快推进海洋循环经济产业园区建设”。

对于工业结构调整，2018 年初印发的《山东新旧动能转换综合实验区建设总体方案》要求逐步提高环保、能耗、水耗、安全、质量、技术标准，加强财税、金融、价格、土地等政策的协调配合，通过严格审批核准、严控新增融资、实施差别化水价电价等举措，以钢铁、煤炭、电解铝、火电、建材等行业为重点，化解过剩产能。同时，要以新一代信息技术、高端装备、新能源新材料、现代海洋、医养健康等产业为重点，推动互联网、大数据、人工智能和实体经济深度融合，打造先进制造业集群和战略性新兴产业发展策源地，培育形成新动能主体力量。

对于农业结构调整，要求深化农业供给侧结构性改革，促进农村“一二三”产业融合发展，构建现代农业产业体系、生产体系和经营体系，为农业现代化建设探索路径。加快划定粮食生产功能区和重要农产品生产保护区，推进高标准农田建设，实施渤海粮仓科技示范工程和种养业良种工程，巩固山东保障粮食安全的重要地位，保障重要农产品供给。加快建设黄河三角洲农业高新技术产业示范区。

对于涉海工业，要求以智慧海洋为引领，坚持陆海统筹，打造海洋经济示范区，高水平建设“海上粮仓”、国家级海洋牧场示范区，加快发展深远海、远洋和极地渔业，实施“透明海洋”工程，加快大洋海底矿产资源勘探及试开采进程。壮大海洋生物、海洋高端装备等产业。创新发展海洋信息、涉海商务等海洋服务业。推进海水淡化规模化应用，建设全国重要的海水利用基地。发展新一代深海远海极地技术装备及系统。

调整产业结构，要以“环境准入”“限批”等手段为重要抓手。《近岸海域污染防治实施方案》《山东省落实〈水污染防治行动计划〉实施方案》等方案、规划皆明确，相关各市要制定实施差别化区域环境准入政策，从严控制“两高一资”产业在沿海地区布局，严格执行环境保护和清洁生产等方面的法律、法规标准和重点行业环境准入条件，从产业结构、布局、规模、区域环境承载力、与相关规划的协调性等方面，严格项目审批，提高行业准入门槛。从严审批高耗水、高污染物排放、产生有毒有害污染物的建设项目，依法淘汰沿海地区污染物排放不达标或超过总量控制要求的产能，对未完成淘汰任务的地区，实施相关行业新建项目“限批”，全部取缔不符合产业政策的小型造纸、制革、印染、染料、炼焦、炼硫、炼砷、炼油、电镀、农药、淀粉、鱼粉、石材加工等严重污染水环境的生产项目。

2）清洁生产

清洁生产是指将综合预防的环境保护策略持续应用于生产过程和产品中，以期减少对人类和环境的风险。清洁生产从本质上来说，就是对生产过程与产品采取整体预防的环境策略，减少或者消除它们对人类及环境的可能危害，同时充分满足人类需要，使社会经济效益最大化的一种生产模式。

与产业结构调整类似，清洁生产也是污染防治的重要控源性手段，对工业污染防治尤其重要。按照联合国环境规划署的定义，清洁生产是一种新的创造性的思想，该思想将整体预防的环境战略持续应用于生产过程、产品和服务中，以增加生态效率和减少人类环境的风险。对生产过程，要求节约原材料与能源，淘汰有毒原材料，减降所有废弃物的数量与毒性；对产品，要求减少从原材料提炼到产品最终处置的全生命周期的不利影响；对服务，要求将环境因素纳入设计与所提供的服务中。

在美国，清洁生产又称为“污染预防”或“废物最小量化”。“废物最小量化”是美国对“清洁生产”的初期表述，后用“污染预防”一词所代替。“污染预防”是指在可能的最大限度内减少生产者所产生的废物量，它通过源削减（指在进行再生利用、处理和处置以前，减少流入或释放到环境中的任何有害物质、污染物或污染成分的数量及其对公众的危害的过程）、提高能源效率、在生产中重复使用投入的原料以及降低水消耗量来合理利用资源。常用的两种源削减方法是改变产品和改进工艺，具体包括设备与技术更新、工艺与流程更新、产品的重组与设计更新、原材料的替代以及促进生产的科学管理、维护、培训或仓储控制。

由此可见，清洁生产包含了对两个过程的控制：即生产全过程和整个产品生命周期全过程。对生产过程而言，清洁生产包括节约原材料与能源，尽可能不用有毒原材料并在生产过程中就减少它们的数量和毒性；对产品而言，则是从原材料获取到产品最终处置过程中，尽可能将对环境的影响减少到最低。

按照《山东省清洁生产促进条例》，“清洁生产”是指不断采取改进设计、使用清洁的能源和原料、采用先进的工艺技术与设备、改善管理、综合利用等措施，从源头削减污染，提高资源利用效率，减少或者避免生产、服务和产品使用过程中污染物的产生和排放，以减轻或者消除对人类健康和环境的危害。

清洁生产是比传统的末端治理更彻底、更根本的污染控制手段。《近岸海域污染防治实施方案》将“清洁生产”作为一项调整沿海地区产业结构与减少工业固定源污染排放的有效措施，但并未对清洁生产的具体内容和标准做出要求。《山东省落实〈水污染防治行动计划〉行动方案》则提出了较为明确的要求，要求污染较重的10个行业进行清洁化改造，“专项整治十大重点行业（造纸、焦化、氮肥、有色金属、印染、农副食品加工、原料药制造、制革、农药、电镀），按照国家要求，完成造纸等重点行业清洁化改造任务”。为促进以上要求的落实，山东省环境保护厅、山东省经济和信息化委员会印发《山东省十大重点行业清洁化改造方案》鲁环函〔2017〕482号，要求“减少高污染原料及新鲜水使用量，努力提高再生水循环利用率，降低涉水污染物排放浓度和排放总量”，并对造纸行业、钢铁行业、氮肥行业、印染行业、制药行业、制革行业提出了具体的工艺改进需求。

4.3.1.2　过程控制

1）水污染物达标排放

对于已经产生的污染物，通过不同的环境标准及制度对污染物排放浓度和总量做出限制，一直是我国环境保护领域的重点工作。具体可用“一控双达标”来表示。“一控”即“控制污染物排放”，“双达标”即“排放浓度达标”和“污染物排放总量达标”。对近岸海域污染防治工作来说，控制污染物排放浓度是污染防治工作的一项重要措施。污染源排放浓度主要依据污染物排放标准来执行。我国污染物排放标准具有“分级”“分类”的特点。排放标准按级别分，可以分为国家和地方两级，按照类别分，可以分为综合排放标准和行业排放标准两大类。目前我国已制定并实施了 64 项国家水污染物排放标准，其中 1 项为综合排放标准，1 项为船舶排放标准，其余 62 项皆为行业排放标准。标准执行“不交叉”原则，即有行业标准的优先执行行业型标准。

按照《中华人民共和国水污染防治法》第十二条和第十四条分别规定，国务院环境保护主管部门制定国家水环境质量标准和国家水污染物排放标准，省、自治区、直辖市人民政府可以制定辖区内的地方流域性标准，其具体限值不得宽于国家相关排放标准。同时，为了突出地方特点，满足地方环境管理需求，地方可以对环境标准在当地进行补充和具体化。由于地方标准一般严于国家标准，具体执行时，一般执行地方标准（如果国家行业标准严于地方标准，行业应该从严执行行业标准）。山东省于 2007 年制定，2018 年修订了地方流域环境标准，涉及海洋环境管理的主要包括《流域水污染物综合排放标准 第 4 部分：海河流域》（DB37/3416. 4—2018）和《流域水污染物综合排放标准 第 5 部分：半岛流域》（DB37/3416. 5—2018）。对陆源排放的两大类 33 项污染物明确了排放要求。

为了持续推动山东省近岸海域污染防治工作，沿海各市的工业企业、城镇污水处理厂等陆域固定源以及船舶等海上移动污染源，都需要实现达标排放。

工业企业是陆源污染防治的重点，要求分区域全面执行山东省地方流域水污染物综合排放标准，确保工业污染源全面达标排放。《山东省落实〈水污染防治行动计划〉实施方案》要求，“在确保所有排污单位达到常见鱼类稳定生长治污水平的基础上，以总氮、总磷、氟化物、全盐量等影响水环境质量全面达标的污染物为重点，实施工业污染源全面达标排放计划”。《山东省打好渤海综合治理攻坚战作战方案》则提出了更加明确的要求，“严格执行小清河、海河、半岛流域水污染物综合排放标准，确保工业污染源全面达标排放。根据渤海海域水质状况和治理需求，确定沿海城市执行国家排放标准中水污染物特别排放限值的行业、指标和时限……加强纳管企业污水预处理设施监管，确保达到纳管排放要求……完成工业集聚区废水集中处理设施升级改造，出水水质稳定达到一级 A 排放标准或国家排放标准中相关限值要求”。

在城镇生活污染防治方面，以城镇污水处理厂达标排放为主要抓手，要求“沿海七市全部城镇污水处理厂出水水质稳定达到一级 A 排放标准（含氮、磷）”。

入海河流是陆源污染进入海洋的重要途径，入海河流综合整治历来是近岸海域污染防治工作的重点。在对入海河流的综合整治上，将以《水污染防治行动计划》目标责任书为重点，推动纳入考核范围的入海河流达到水质目标要求。鉴于部分入海河流尚缺乏明确的水质目标，《近岸海域污染防治实施方案》要求，“根据水环境功能要求，自行确定的水质目标，明确环境质量责任”。《山东省近岸海域污染防治实施方案》与《山东省打好渤海综合治理攻坚战作战方案》对入海河流综合整治提出了细化要求，要求“明确入海河流水质目标。加强94条入海河流环境监管，开展入海断面水质监测，逐一明确水质目标和达标年限，合理确定入海河流总氮控制目标”。《山东省打好渤海综合治理攻坚战作战方案》将山东省所有入海河流分为“国控及国控入海断面”与“其他入海河流”两大类。对于“国控及国控入海断面”，要求“到2020年，所有国控及国控入海断面达到水污染防治目标责任书确定的目标要求”，对于“其他入海河流”，并未对入海河流水质提出明确要求，仅要求“将其他入海河流纳入常规监测计划，并开展水质监测（含总氮指标）”。

2）水污染物总量控制

《中华人民共和国环境保护法》第四十四条规定，“国家实行重点污染物排放总量控制制度。重点污染物排放总量控制指标由国务院下达，省、自治区、直辖市人民政府分解落实。企业事业单位在执行国家和地方污染物排放标准的同时，应当遵守分解落实到本单位的重点污染物排放总量控制指标”。《中华人民共和国海洋环境保护法》第三条规定，“国家建立并实施重点海域排污总量控制制度，确定主要污染物排海总量控制指标，并对主要污染源分配排放控制数量。具体办法由国务院制定”。

与地表水污染物总量控制不同，重点海域排污总量控制制度针对的不是COD和氨氮等主要污染物。鉴于山东省近岸海域的首要污染因子为无机氮，重点海域污染物总量控制的重点为总氮。总氮总量控制目标由生态环境部下达，由省级生态环境管理部门分解至省内各市，各市依托排污许可证发放工作，将其分解到各相关排污单位，逐步将以行政区域为主的污染物总量控制制度转变为以排污单位为主的污染物总量控制制度。这一思想在《山东省近岸海域污染防治实施方案》与《山东省打好渤海综合治理攻坚战作战方案》中皆有体现，到2020年山东省需要完成国家下达的总氮总量控制目标，并且推进涉氮重点行业固定污染源治理，实行依法持证排污，在重点区域重点行业实施总氮总量控制。

在总氮总量控制的实施上，《近岸海域污染防治实施方案》要求，“沿海地级及以上城市按照《控制污染物排放许可制实施方案》和生态环境部相关配套文件要求，结合本地区改善环境质量的需要，确定污染物许可排放浓度和排放量，将所有工业固定污染源污染物许可排放量总和作为该地区工业固定污染源污染物排放总量控制目标。控制指标按照国家排污许可和总量控制相关要求执行”。

除总氮总量控制外，根据近岸海域水质现状，尤其是在水质超标、水体交换交叉的海域，还应对主要污染物采取“等量置换”“减量置换”等措施。《近岸海域污染防治实施方案》要求，“在超过水质目标要求、封闭性较强的海域，实行新（改、扩）建设项目主要污染物排放总量减量置换”“环保部门应加强排污许可证实施监管，督促企业采取有效措施控制污染物排放，达到排污许可证规定的许可排放量削减要求；对建设项目实施污染物排放等量置换或减量置换”。

4.3.1.3 末端治理

1）提高陆域污水收集处理率

提高陆源污染处理水平主要包括提高污水收集率、提高污水处理率两个方面。污水集中处理率是指一个城市或区域集中处理的污水量占全部产生污水量的比值，反映一个地方污水集中收集、处置设施的配套程度。近年来，随着山东省对环境保护工作重视程度的日益提高，沿海各市都已建成了不同规模的污水处理厂，污水处理能力大幅度提升。然而，在污水处理厂建设取得显著成就的背后，许多城市仍然存在污水管网建设配套不足的问题，污水不能及时有效地得到收集并输送到污水处理厂，污水收集率低开始成为制约污水处理能力的瓶颈问题。

提高污水收集率的措施主要包括加快污水收集管网建设、加快推动雨污分流改造等。沿海各市要改变传统的“重厂区、轻管网”的惯性思维，从思想上、意识上提高对污水管网建设的重视程度，把污水处理厂配套管网的建设提高到与污水处理厂建设并重的地位，加快污水管网建设。现阶段的污水管网建设，仍以城市建成区为重点，《山东省落实〈水污染防治行动计划〉实施方案》《山东省打好渤海综合治理攻坚战作战方案》等方案、规划要求各级政府制定管网建设和改造计划，加强城中村、老旧城区和城乡接合部污水截流、收集，加快实施排水系统雨污分流改造。新建污水处理设施的配套管网应同步设计、同步建设、同步投运。城镇新区建设均应实行雨污分流，有条件的地区要推进初期雨水收集、处理和资源化利用。加大建制镇污水管网建设力度，优先解决污水处理设施配套管网不足问题。2020 年年底前，全省新增污水管网 6 000 km，地级及以上城市建成区基本实现污水全收集。

提高污水处理率是提高陆源污染处理水平的另一项重要工作，主要包括提高工业污水处理率、提高城镇生活污水处理率等内容。《近岸海域污染防治实施方案》《山东省近岸海域污染防治实施方案》《山东省打好渤海综合治理攻坚战作战方案》等方案、规划提出了明确要求。

在提高工业污水处理率上，要求以工业集聚区、工业直排企业、纳管企业为重点，分类加强污染治理。各类工业集聚区要全面实现污水集中处理并安装自动在线监控装置。污水集中处理设施应具备脱氮除磷工艺，出水水质应稳定达到一级 A 排放标准（含氮、磷）或国家排放标准中相关限值要求。新建工业集聚区污水集中处理设施和在线监控设施应与集聚区同步规划、同步建设、同步投入运行。化工园区、涉重金属工业园区要推进“一企一管”和地上管廊的建设与改造，并逐步推行废水分类收集、分质处理。对于工业直排企业，要求实施废水处理设施提标改造，加强含氰化物废水和含涉重污染物废水的深度治理和环境监管，确保工业污染源全面达标排放。制定不达标工业直排海污染源全面稳定达标排放改造方案，确保直排海工业污染源实现稳定达标排放。对于纳管企业，要求各市加强监管，全面掌握纳管企业污水预处理设施建设、运行情况和外排水量以及水质情况，并形成档案。严格落实污水排入排水管网许可管理办法，建立完善排水档案，重点排水单位排放口全部建成水质、水量检测设施。加强纳管企业污水预处理设施监管，确保达到纳管排放要求；影响集中污水处理设施出水稳定达标的纳管企业要限期退出。新建工业企业排放的含重金属、难以生化降解污染物或高盐废水，不得接入城市生活污水处理设施。

在提高城镇污水处理率上，主要包括污水处理厂建设以及污水处理设施升级改造等措施。到 2020 年，相关城市新增污水处理能力 120×10^4 t/d，按照“城边接管、就近联建、鼓励独建”的原则，合理布局建制镇污水处理设施，实现所有建制镇建有污水处理设施。城市、县城污水处理率分别达到 98% 和 90%以上，建制镇污水处理率达到 70%以上。加快城镇污水处理设施升级改造，近岸海域汇水区域内的城镇污水处理设施全面达到一级 A 排放标准（含氮、磷），采取有效措施，减少污水处理厂检修期和突发事故状态下污水直排对水体水质的影响。

2）加强农村面源污染防治

对于农村生活污水，要求结合农村环境综合整治工作，通过建设分散型污水处理、湿地净化等工程措施，提高农村生活污水处理率。鼓励有条件的地区在城镇污水处理厂下游采取湿地净化工程等措施，进一步削减污染物入河量，鼓励在农村以湿地净化、拦截沟等工程为主，减少农业面源污染入河量和入海量。推进城镇污水处理厂达标尾水的资源化利用，减少排入自然水体的污染物负荷。

3）加强海洋内源污染治理

海洋内源污染主要包括海水养殖污染、港口船舶污染等。

对于海水养殖污染，要求合理布局养殖范围，划定“养殖区、限养区和禁养区”三区；优化海水养殖结构，鼓励发展离岸养殖、生态健康养殖、建设海洋牧场等；完善养殖基础设施，推进养殖池塘标准化改造，加快海水养殖尾水处理设施建设，运用科学方法对海水养殖尾水进行净化，防止残存饵料、粪便、投入品等随养殖尾水直接入海；推动污染源头治理，加强渔用投入品使用管理，提高市场准入门槛，规范市场行为，严惩违法使用禁药行为。改进投饵技术，鼓励引导使用质量高、诱食性与吸收性好、饵料系数低的饲料，减少残存饵料污染。

对于港口污染，一是加强污水垃圾处理处置能力建设，要求加强港口码头污水垃圾接收、转运及处理处置设施建设，提高含油污水、化学品洗舱水等接收处置能力，加强船、港、城之间污染物转运、处置设施衔接。二是要求港口码头集约化管理，高水平建设，要高标准、高起点建设资源节约、环境优良、生态健康的新型港口，要依法搬迁、改造、拆除一批规模较小、污染重的码头作业点。对于渔港，要求开展环境综合整治，加强含油污水、洗舱水、生活污水和垃圾、渔业垃圾等清理整治，推进污染防治设施建设和升级改造，提高渔港污染防治监督管理水平，编制渔港名录，推进名录内渔港的污染防治设备设施建设，完成渔港环境清理整治，实现名录内渔港污染防治设备设施全覆盖。

对于船舶污染，要求依法报废超过使用年限的船舶。规范船舶水上拆解行为，禁止冲滩拆解。完善船舶污水处理设施，严格执行《船舶水污染物排放控制标准》，限期淘汰不能达到污染物排放标准的船舶，严禁新建不达标船舶进入运输市场。禁止船舶直接向水体超标排放含油污水，对符合铅封要求的船舶实施铅封管理。严格控制在渤海海域内从事船舶原油过驳、单点系泊等高污染风险作业。

4.3.2 海洋生态保护措施

海洋生态保护是海洋环境管理的重要内容，是保护生物多样性、维持自然界正常的物质循环与能量流动功能的必要条件。海洋及近岸海域生态保护的主要措施可以划分为留足生态空间、开发建设活动管控、生态系统保护与修复三大类。

4.3.2.1 留足生态空间

党的十九大报告指出，要“加大生态系统保护力度。完成生态保护红线、永久基本农田、城镇开发边界三条控制线划定工作”。《山东省打好渤海区域环境综合治理攻坚战作战方案》要求“以近岸海域保护空间优化为重点，强化海岸带生态保护与修复”，进一步明确海岸带生态保护与修复的重点是空间优化。

1）海洋主体功能区

划分海洋主体功能区是进行海洋空间优化与管控的重要手段。2017 年，山东省人民政府批准实施《山东省海洋主体功能区规划》（以下简称《规划》）。《规划》是山东省海洋战略的顶层设计，是土地利用、城市、生态环境保护、海洋功能区划等涉海规划在海洋空间开发方面的基本依据，也是海洋空间开发的基础性和约束性规划。按照《全国海洋主体功能区规划》布局，在衔接《山东省主体功能区规划》基础上，将全省海洋国土空间划分为 29 个功能区，包括 8 个优化开发区域、3 个重点开发区域、18 个限制开发区域，以及点状分布的禁止开发区域。到 2020 年要基本形成海洋主体功能清晰，沿海人口、经济和资源环境和谐均衡，海洋与陆地协调一致，可持续发展的海洋国土空间格局。

优化开发区域，是指现有开发利用强度较高，资源环境约束较强，产业结构亟须调整和优化的海域。全省共划分 8 个优化开发区域，分别为寿光市、龙口市、烟台市区、即墨区、青岛市区、青岛市黄岛区、日照市东港区和日照市岚山区海域，合计海域面积为 16 050. 58 km^2，占全省管理海域总面积的 33. 93%。全省共划分为 3 个重点开发区域，分别为潍坊市寒亭区海域、烟台市牟平区海域和威海市文登区海域，合计海域面积为 2 995. 30 km^2，占全省管理海域总面积的 6. 33%。重点开发区域功能定位是山东半岛蓝色经济区建设的主战场，“一带一路”建设的重要节点，新亚欧大陆桥经济带崛起的引航区，支撑我国海洋经济增长的重要增长极，促进区域协调发展的重要支撑点。限制开发区域，是指以提供海洋水产品为主要功能的海域，包括用于保护海洋渔业资源和海洋生态功能的海域。按照《规划》，全省共划分 18 个限制开发区域，分别为无棣县、滨州市沾化区、东营市河口区、利津县、垦利区、东营市东营区、广饶县、昌邑市、莱州市、招远市、长岛县、蓬莱市、威海市环翠区、荣成市、乳山市、海阳市、莱阳市和青岛市崂山区海域，总面积为 27 453 km^2，占全省管理海域总面积的 58. 04%。其中，6 个海洋渔业保障区总面积为 10 092 km^2；12 个重点海洋生态功能区总面积为 17 361 km^2。禁止开发区域，是指对维护海洋生物多样性、保护典型海洋生态系统具有重要作用的海域，包括国家级和省级海洋自然保护区、领海基点所在岛屿等。全省海域空间共划定禁止开发区域 19 个，其中 4 个国家级自然保护区和 7 个省级自然保护区，8 个领海基点岛。禁止开发区域功能定位是典型的海洋自然生态系统、海洋珍稀濒危野生动植物物种集中分布的海域、具有特殊价值的海洋自然和历史文化遗迹所在海域以及领海基点所在岛屿等，禁止进行任何形式的工业化、城镇化开发。禁止占用、破坏自然岸线，受损自然岸线生态功能基本恢复，海岸生态系统完整性和生物多样性水平明显提高。

2）海洋生态保护红线

生态保护红线是空间优化与管控的重要抓手。生态保护红线是我国环境保护的重要制度创新。生态保护红线的实质是生态环境安全的底线，目的是建立最为严格的生态保护制度，对生态功能保障、环境质量安全和自然资源利用等方面提出更高的监管要求，从而促进人口资源环境相均衡、经济社会生态效益相统一。生态保护红线具有系统完整性、强制约束性、协同增效性、动态平衡性、操作可达性等特征。生态功能保障基线包括禁止开发区生态红线、重要生态功能区生态红线和生态环境敏感区、脆弱区生态红线。纳入的区域，禁止进行工业化和城镇化开发，从而有效地保护我国珍稀、濒危并具代表性的动植物物种及生态系统，维护我国重要生态系统的主导功能。禁止开发区红线范围可包括自然保护区、森林公园、风景名胜区、世界文化自然遗产、地质公园等。

《近岸海域污染防治规划》要求“划定并严守生态保护红线。在海洋重要生态功能区、海洋生态脆弱区、海洋生态敏感区等区域划定生态保护红线，合理划定纳入生态保护红线的湿地范围，明确湿地名录，并落实到具体湿地地块，明确生态保护红线管控要求，构建红线管控体系”。

2013 年，山东省政府印发《山东省渤海海洋生态红线区划定方案》，成为首个在渤海建立实施海洋生态红线制度的省份，方案有效期限为 2013—2020 年。划定范围涉及海域总面积为 16 313. 90 km^2，为山东省管辖全部渤海海域；红线区总面积为 6 534. 42 km^2，占全省管辖渤海海域总面积的 40. 05%，红线区划定范围内，岸线总长度为 931. 41 km。红线区的边界是根据自然保护区、海洋特别保护区、水产种质资源保护区的位置和分区以及卫星遥感、地形图、海图、海岸线测量图等图件资料确定的。边界的确定以保持生态完整性、维持自然属性为原则，旨在保护生态环境、防止污染和控制建设活动。该方案将山东省渤海海洋生态红线区划定分为 23 个禁止开发区和 50 个限制开发区。禁止开发区主要包括自然保护区的核心区和缓冲区、海洋特别保护区的重点保护区和预留区。限制开发区主要包括自然保护区的实验区、海洋特别保护区的适度利用区和生态与资源恢复区、重要河口生态系统、重要滨海湿地、重要渔业海域、特殊保护海岛、自然景观与历史文化遗迹、砂质岸线与邻近海域、沙源保护海域及重要滨海旅游区等。

2016 年，山东省政府印发《山东省黄海海洋生态红线划定方案（2016—2020 年）》，黄海海洋生态红线北起山东半岛蓬莱沙河口，与渤海生态红线区衔接，南至鲁苏交界的绣针河口，向陆至省政府批准的海岸线，向海至领海外部界线，涉及海域总面积为 31 011 km^2，海岸线总长为 2 414 km。《方案》共划定红线区 151 个，其中，禁止开发区 36 个，限制开发区 115 个，红线区总面积为 3 134. 84 km^2，占山东省黄海海域总面积的 10. 1%。针对每一个生态红线区，提出了相应的管控措施与环境保护要求。此外，《方案》划定的自然岸线保有长度约 1 087 km，占山东省黄海大陆岸线的 45. 03%，并明确了大陆和海岛自然岸线的保护措施。

4. 3. 2. 2 开发建设活动管控

对围填海和占用自然岸线等开发建设活动的管控是生态系统保护的重要内容，具体可分为对新建项目的管控，库存项目的管控和违规项目的处理等方面的要求。

对于新建项目，要求严格项目审查，执行国家和省围填海计划管理，并提高单位岸线和用海面积的投资强度。应该严守生态保护红线，严格围填海和占用自然岸线的项目审查，重点海湾、自然保护区、海洋特别保护区的重点保护区及预留区、重点河口区域、重要滨海湿地区域、重要砂质岸线及沙源保护海域、特殊保护海岛及重要渔业海域禁止实施围填海；生态脆弱敏感区、自净能力差的海域严格限制围填海。严格控制围填海规模，严格执行国家围填海计划管理。严格管控渤海海域围填海活动，暂停受理、审核围填海工程项目；严控黄海海域新增围填海报批，除国家重大战略项目外，全面停止新增围填海审批。引导新增建设项目向存量围填海区域聚集，提高单位岸线和用海面积的投资强度。

对于库存项目，坚持集中集约用海，全面有效地利用围填海存量资源。对合法、合规的围填海闲置用地进行科学规划，引导符合国家产业政策的项目消化存量资源，优先支持海洋战略性新兴产业、绿色环保产业、循环经济产业发展和海洋特色产业园区等建设项目。从严限制单纯获取土地性质的围填海项目，对存在“围而不填、填而不建”的市、县暂停受理围填海申请。坚持集中集约用海，全面有效地利用围填海存量资源，严格落实区域限批，提高单位岸线和用海面积的投资强度。推进海域、海岛资源市场化、精细化配置，基本建立反映市场供求关系、稀缺程度的资源有偿使用制度，动态调整使用金征收标准。严格落实海洋生态红线、生态补偿制度。

对于违规项目，以生态保护红线为重要抓手，推动非法项目的清理和退出。《近岸海域污染防治实施方案》要求，非法占用生态保护红线范围的建设项目应限期退出。《山东省近岸海域污染防治实施方案》要求清理查处非法围填海和占用自然岸线的项目。严格围填海管理和监督，严肃查处违法围填海行为。开展围填海和占用自然岸线项目专项整治，对自然保护区、海洋自然保护区等生态敏感区内的非法项目责令限期退出，对涉嫌非法围填海和占用自然岸线的恶性案件进行立案查处。

4.3.2.3　生态系统保护与修复

《近岸海域污染防治实施方案》要求，保护典型海洋生态系统和重要渔业海域、保护海洋生物多样性、推进海洋生态整治修复。

对于典型海洋生态系统，在国家层面，要加大红树林、珊瑚礁、海藻场、海草床、河口、滨海湿地、潟湖等典型海洋生态系统，以及产卵场、索饵场、越冬场、洄游通道等重要渔业水域的调查研究和保护力度，因地制宜地采取红树林栽种、珊瑚、海藻和海草人工移植、渔业增殖放流、建设人工鱼礁等保护与修复措施，切实保护水深 20 m 以内海域重要海洋生物繁育场，逐步恢复重要近岸海域的生态功能。针对山东省来说，要以黄河口、莱州湾和庙岛群岛典型生态系统，以及渤海湾南部产卵场、莱州湾西南部产卵场、莱州湾东北部产卵场、烟威近海产卵场、乳山近海产卵场和海州湾产卵场等山东近海重要产卵场为重点，加大滨海湿地、河口和海湾典型生态系统以及重要渔业水域的保护力度。健全生态系统监测评估网络体系，切实保护重要海洋生物繁育场，逐步恢复生态功能。

对于海洋生物多样性保护，在国家层面，要以生物多样性保护优先区域为重点，开展海洋生物多样性本底调查与编目。加强海洋生物多样性监测预警能力建设，提高海洋生物多样性保护与管理水平。对国家和地方重要湿地，要通过设立国家公园、湿地自然保护区、湿地公园、水产种质资源保护区、海洋特别保护区等方式加强保护，在生态敏感和脆弱地区加快保护管理体系建设。加强海洋特别保护区、海洋类水产种质资源保护区建设，强化海洋自然保护区监督执法，提升现有海洋保护区规范化能力建设和管理水平。定期开展海洋类型自然保护区卫星遥感监测。加大海洋保护区选划力度。开展海洋外来入侵物种防控措施研究。对于山东省来说，要以生物多样性保护优先区域为重点，开展海洋生物多样性本底调查与编目；加强海洋生物多样性监测预警能力建设，提高海洋生物多样性保护与管理水平；通过设立国家公园、湿地自然保护区、湿地公园、水产种质资源保护区、海洋特别保护区等方式加强湿地保护，加快生态敏感和脆弱地区保护管理体系建设；加强海洋特别保护区、海洋类水产种质资源保护区建设，强化海洋自然保护区监督执法，提升现有海洋保护区规范化能力建设和管理水平。定期开展海洋类型自然保护区卫星遥感监测。加大海洋保护区选划力度。开展海洋外来入侵物种防控措施研究。

对于山东省海洋生态整治与修复来说，要实施浅海海底森林营造、蓝色海湾治理、重要河口治理和生境修复以及海岸线整治修复四大工程。采取播植海藻、投放人工鱼礁等措施，建设海洋牧场，恢复浅海渔业生物种群。实施海洋增殖放流，优化传统增殖放流品种结构，加大恋礁鱼类放流力度，打造鱼虾贝藻多营养层级协调发展的生态养护新格局。以日照市、烟台市、威海市、青岛市4个城市为重点，实施蓝色海湾治理工程。开展入海排污总量控制和陆源污染排海治理，严格控制围填海，保持和恢复纳潮量和湾内基本的海洋动力环境，加强海洋生态、景观和原始地貌的修复保护。以黄河口、小清河河口等重要河口及其邻近海域为重点，实施重要河口治理和生境修复工程。加强环境监测和数据共享，对黄河、小清河等入海河口区域采取河口清淤、植被恢复等措施，修复受损河口生境和自然景观。实施海岸线整治修复工程，开展全省海岸线调查统计工作，划定严格保护、限制开发和优化利用岸线，统计全省大陆自然岸线保有率，制定海岸线整治修复规划，全面推进海岸线分类保护和整治修复工作，确保到2020年全省大陆自然岸线保有率不低于40%。

此外，《山东省打好渤海区域环境综合治理攻坚战作战方案（2018—2020年）》还对保护海洋生物资源提出了要求。首先是要严格控制捕捞强度，落实海洋渔业资源总量管理制度，继续实施限额捕捞试点；严厉打击涉渔“三无”船舶；优化海洋捕捞作业结构，全面取缔“绝户网”等对渔业资源和环境破坏性大的渔具，清理整治违规渔具。推进渤海海域禁捕限捕，从2019年起，逐年减少海洋捕捞许可证数量，实现海洋捕捞产量负增长；逐步压减近海捕捞渔船数量和功率总量。在控制捕捞强度的同时，要大力养护海洋生物资源，举办增殖放流活动，增殖海洋类经济物种；建立以人工鱼礁为载体、底播增殖为手段、增殖放流为补充的海洋牧场示范区。严格执行伏季休渔制度，并根据渔业资源调查评估状况，适当调整休渔期，逐步恢复渔业资源。

4.3.3　海洋保护制度建设

进一步完善海洋生态文明制度体系建设，加快实施全省海洋生态文明建设规划实施，统筹推进海洋生态环境保护重大工程。

1）加快建立实施全省湾长制

在全面总结青岛胶州湾“湾长制”试点经验的基础上，全面推行以党政领导负责制为核心，以改善海洋生态环境质量、维护海洋生态安全为目标的全省“湾长制”制度，制定重点海湾专项实施方案和各级工作方案，加强组织领导，完善工作制度，加大财政资金投入，严格考核问责，加强宣传引导，明确进度安排，狠抓责任落实。结合渤海环境整治攻坚战，优化海湾资源科学配置和管理、加强海湾污染防治、加强海湾生态整治修复、加强海湾执法监管，全面建立全省陆海统筹、河海兼顾、上下联动、协同共治的“湾长制”治理新模式，为实现海洋高质量发展战略要地和切实加强海洋生态文明建设提供坚实有力的制度保障。

2）加快建立实施以海域环境容量为基础的重点海域污染总量控制制度建设

在总结前期胶州湾等重点海域入海污染物总量控制试点的基础上，以排污总量控制制度建设为重点，做好海域环境容量、污染物入海通量（包括陆源污染物入海通量、大气污染物入海通量、海上活动污染物入海通量等）、流域-海域生态补偿机制、“以海定陆”思维下的陆海一致性总量管控指标体系、陆海一致性标准体系衔接（包括入海河口邻近海域水质质量标准与海水水质标准、污水排放标准、功能区环境管理要求的衔接，养殖排放标准与海水水质标准的衔接等）等重大课题的研究，率先在渤海湾建立污染物总量控制制度，全省其他海域、地区，分阶段、分级建立入海污染物总量控制制度，科学评估全省海洋资源环境承载力和环境容量，摸清家底，合理规划、开发、利用海洋资源。

3）开展陆源入海污染源专项普查和清理整治，加快实施海洋生态修复工程

结合全国第二次污染源普查工作，全面建立全省入海污染源清单，“一口一档、分类施策”，开展不合理入海和非法设置排污口清理整治工作；加快沿海产业园区、城镇、乡村城镇、乡村污水管网建设和污水处理厂提标改造，控制陆域点源和农业面源污染源排海；强化海岸工程、海洋工程、海上油气田、海洋倾废、渔业水域养殖等各类污染源监管，加大海上废弃物和垃圾集中回收、陆上处置力度。建立全省海洋生态修复工作项目库，组织实施浅海海底森林营造、蓝色海湾治理、重要河口生态环境修复、黄金岸线恢复和潮间带湿地绿化美化等工程，修复、恢复近岸海域生态环境，逐步改变近岸海域污染状况。

4）推进海洋生态文明示范区建设

建立政府层面推进海洋生态文明示范区创建工作机制，组织实施海洋生态文明示范区建设总体规划，加强顶层设计；制定省级海洋生态文明示范区创建的管理办法和建设指标体系，健全长效机制；加强对已经获批的国家级和省级海洋生态文明示范区建设工作的指导和考核，督促落实规划建设任务，以建促改，实现管控措施有力，生态环境良好的海洋生态环境保护管理新模式。

4.3.4　管控机制建设

1）督促落实属地管理责任，发挥综合管控效能

一方面，压实海洋生态环境保护地方责任制，在前期“海洋环境损害考核”纳入省委组织部对地方考核基础上，探索尝试把近岸海域生态环境保护工作全面纳入对地方政府的考核和“领导干部环境保护责任离任审计”范围，逐级签订近岸海域生态环境保护责任书，提高地方政府及主要负责人海洋环保工作积极性和重视程度；另一方面，强化海洋综合管理协调领导小组作用，实施海陆统筹措施，打破海陆分割的局面，实施信息共享、区域共管，制定相关部门涉海工作规程，明确工作范围，完善工作职能，发挥综合管理效能；依托机构改革，整合海洋环保执法力量，形成监管合力，定期开展多部门联合执法行动，增强执法力度，提高执法效率，维护海洋权益，保护资源环境。

2）完善管控体系，严格落实管控制度和政策

加强重点海域海洋环境综合管控，以落实海洋环境保护规划、海洋生态红线制度为抓手，落实莱州湾等重点海域省级管控、生态红线区分类管理等重点任务，建立生态红线区管理、考核、监督相关制度体系；按照部署，稳步推进红线区生态价值评估和涉海工程区域限批工作。根据全省资源环境承载力动态评估和变化情况，适时启动全省海洋环境保护规划、海洋功能区修编、海洋生态红线修订，加强向基于生态的海洋功能区划转型，分类分区制定管控措施和管理要求。

3）在《全国海洋功能区划（2011—2020 年）》《山东省海洋功能区划（2011—2020 年）》的框架下，严格落实海洋主体功能区规划和海洋环境功能区划，严格执行实施区域限批、禁批和围填海总量控制制度

完善涉海工程环境保护综合管理体系，扎实开展环评复核、跟踪监测、竣工验收、环保执法、环

评限批等工作，实施严格的追溯机制，实现工程环评规范化和环境监管常态化。推进涉海工程环评管理电子化办公，加强与海域动态监管系统的衔接，推进海洋环评预审、核准等环节网上运转，提高环评审批效率，提升规范化管理水平。加大环评公示力度，切实维护社会公众的知情权和监督权。开展海洋工程环保竣工验收工作，严格环保竣工验收条件和标准，确保跟踪监测、“三同时”等各项环保措施落实到位。合理规划涉海工程开发，严格评估和审批人工岛、沿海造地项目等建设项目。加快完善海洋生态损害评估体系，建立健全海洋污染索赔诉讼的规范程序和法律法规。

4.3.5 公众参与

充分利用报刊、广播、电视、网络、微博、手机 App、微信公众号、电话热线等多种媒体、信息平台，向公众传播海洋环保工作及工作做法成效，营造公众参与、齐抓共管的良好社会氛围。搭建公众监督平台，将社会关注的环境监测信息纳入公开范围，主动接受社会监督，畅通电话热线等监督渠道，邀请人大代表、政协代表、普通群众和志愿者对海洋环境管理保护进行监督和评价。进一步完善海洋环保志愿者队伍建设，动员和组织社会力量开展环保公益活动，提升海洋环保的公众参与度和社会影响力。

参考文献

杜培培，吴晓青，都晓岩，等. 2017. 莱州湾海域空间开发利用现状评价［J］. 海洋通报，36（1）：19-26.

范士亮，傅明珠，李艳，等. 2012. 2009—2010 年黄海绿潮起源与发生过程调查研究［J］. 海洋学报，34（6）：187-194.

房燕，吕振波，张焕君，等. 2012. 荣成湾营养盐分布和变化特征［J］. 海洋湖沼通报，（3）：81-89.

冯士筰，李凤岐. 1999. 海洋科学导论［M］. 北京：高等教育出版社：208-210.

关道明，战秀文. 2003. 我国沿海水域赤潮灾害及其防治对策［J］. 海洋环境科学，22（2）：60-63.

郭飞，刘森，王飞飞，等. 2016. 夏季莱州湾水域营养盐现状及影响因素［J］. 海洋地质前沿，32（2）：38-44.

国家海洋局. 2002. 海洋生态环境监测技术规程.

国家海洋局. 2005. HY/T 076—2005 陆源入海排污口及邻近海域监测技术规程.

国家海洋局. 2005. HY/T 087—2005 近岸海洋生态健康评价指南.

国家海洋局. 2005. HY/T086—2005 陆源入海排污口及邻近海域生态环境评价指南.

国家环境保护局，国家海洋局. GB 3097—1997 海水水质标准［S］. 北京：中国标准出版社.

侯西勇，张华，李东，等. 2018. 渤海围填海发展趋势、环境与生态影响及政策建议［J］. 生态学报，38（9）：3 311-3 319.

黄美珍，许翠娅. 2007. 有毒有害赤潮的研究与防治对策［J］. 福建水产，（4）：71-74.

姜欢欢，温国义，周艳荣，等. 2013. 我国海洋生态修复现状、存在的问题及展望［J］. 海洋开发与管理，1：35-38.

姜会超，王玉珏，李佳蕙，等. 2018. 莱州湾营养盐空间分布特征及年际变化趋势［J］. 海洋通报，37（4）：411-423.

姜胜辉，朱龙海，胡日军，等. 2015. 围填海工程对莱州湾水动力条件的影响［J］. 中国海洋大学学报，45（10）：74-80.

蒋红，崔毅，陈碧鹃，等，2015. 渤海近 20 年来营养盐变化趋势研究［J］. 海洋水产研究，26（6）：61-67.

郎晓辉，李悦，孔范龙，等. 2011. 莱州湾环境存在的问题及保护对策［J］. 现代农业科技，（3）：296-297.

冷春梅，曹振杰，张金路，等. 2014. 黄河口浮游生物群落结构特征及环境质量评价［J］. 海洋环境科学，33（3）：360-365.

李广楼，陈碧娟，崔毅，等. 2006. 莱州湾浮游植物的生态特征［J］. 中国水产科学，13（2）：292-299.

李广楼，崔毅，陈碧鹃，等. 2007. 秋季莱州湾及附近水域营养现状与评价［J］. 海洋环境科学，26（1）：45-57.

李晶莹，韦政. 2010. 莱州湾海水入侵及土壤盐渍化现状研究［J］. 安徽农业科学，38（8）：4 187-4 189.

李乃成，刘晓收，徐兆东. 2015. 庙岛群岛南部海域大型底栖动物多样性［J］. 生物多样性，23（1）：41-49.

廖巍，张龙军，陈洪涛，等. 2013. 2001—2011 年黄河口营养盐变化及入海通量估算［J］. 中国海洋大学学报，43（1）：81-86.

林桂兰，左玉辉. 2006. 海湾资源开发的累积生态效应研究［J］. 自然资源学报，（3）：432-440.

刘昌岭，朱志刚，贺行良，等. 2007. 重铬酸钾氧化-硫酸亚铁滴定法快速测定海洋沉积物中有机碳［J］. 岩矿测试，26（3）：205-208.

刘成，何耘，王兆印. 2005. 黄河口的水质、底质污染及其变化［J］. 中国环境监测，21（3）：58-61.
刘芳文，颜文，王文质，等. 2002. 珠江口沉积物重金属污染及其潜在生态危害评价［J］. 海洋环境科学，21（3）：34-38.
刘峰. 2010. 黄海绿潮的成因以及绿潮浒苔的生理生态学和分子系统学研究［D］. 青岛：中国科学院海洋研究所.
刘亮，王菊英，胡莹莹，等. 2014. 渤海近岸海域石油类污染变化趋势［J］. 海洋与湖沼，45（1）：88-93.
刘述锡，樊景凤，王真良. 2013. 北黄海浮游植物群落季节变化［J］. 生态环境学报，22（7）：1 173-1 181.
刘霜，张继民，冷宇，等. 2013. 黄河口附近海域营养盐行为及年际变化分析［J］. 海洋通报，32（4）：383-388.
刘霜，张继民，杨建强，等. 2009. 黄河口生态监控区主要生态问题及对策探析［J］. 海洋开发与管理，26（3）：49-52.
刘潇，冯秀丽，刘杰. 2016. 港口工程影响下莱州湾西南侧海域水动力演化特征［J］. 海洋科学，40（3）：138-145.
刘义豪，杨秀兰，靳洋，等. 2011. 莱州湾海域营养盐现状及年际变化规律［J］. 渔业科学进展，32（4）：1-5.
吕婷，苏博，王佳莹，等. 2017. 海洋工程影响下莱州湾海域水动力环境变化特征［J］. 海洋环境科学，36（4）：571-577.
罗先香，单宇，杨建强. 2018. 黄河口及邻近海域浮游植物群落分布特征及与水环境的关系［J］. 中国海洋大学学报，48（4）：16-23.
罗先香，张蕊，杨建强，等. 2010. 莱州湾表层沉积物重金属分布特征及污染评价［J］. 生态环境学报，19（2）：262-269.
马克明，孔红梅，关文彬，等. 2001. 生态系统健康评价：方法与方向［J］. 生态学报，211（12）：2 106-2 116.
马绍赛，辛福言，崔毅，等. 2004. 黄河和小清河主要污染物入海通量的估算［J］. 海洋水产研究，25（5）：47-51.
蒙永辉，王集宁，张丽霞，等. 2018. 1979—2012 年莱州湾南岸海水入侵与区域海岸线变动时空耦合分析［J］. 国土资源遥感，30（3）：189-195.
孟伟. 2005. 渤海海岸带生境退化的监控与诊断研究［D］. 青岛：中国海洋大学.
聂红涛，陶建华. 2008. 渤海湾海岸带开发对近海水环境影响分析［J］. 海洋工程，26（3）：44-50.
潘少明，施晓冬，王建业，等. 2000. 围海造地工程对香港维多利亚港现代沉积作用的影响［J］. 沉积学报，18（1）：22-28.
潘玉英，付腾飞，赵战坤，等. 2012. 海水入侵—地下水位变化—土壤盐渍化自动监测实验研究［J］. 土壤通报，43（3）：571-576.
彭士涛，周然，李野，等. 2010. 渤海湾氮磷时空变化规律研究［J］. 南开大学学报，43（5）：8-14.
秦华伟，刘霞，张娟，等. 莱州湾海域水质石油类的分布特征［J］. 海洋环境科学，2016，35（5）：739-742，755.
秦延文，张雷，郑丙辉，等. 2012. 渤海湾岸线变化（2003—2011 年）对近岸海域水质的影响［J］. 环境科学学报，32（9）：2 149-2 159.
曲克明，崔毅，辛福言，等. 2002. 莱州湾东部养殖水域氮、磷营养盐的分布与变化［J］. 海洋水产研究，23（1）：37-46.
任海，邬建国，彭少麟. 2000. 生态系统健康的评估［J］. 热带地理，20（4）：310-316.
山东省海洋与渔业厅. 2009. 山东海情.
山东省海洋与渔业厅. 2011. 2010 年山东省海洋环境公报.
山东省海洋与渔业厅. 2012. 2011 年山东省海洋环境公报.
山东省海洋与渔业厅. 2013. 2012 年山东省海洋环境公报.
山东省海洋与渔业厅. 2014. 2013 年山东省海洋环境公报.

山东省海洋与渔业厅. 2015. 2014 年山东省海洋环境状况公报.

山东省海洋与渔业厅. 2016. 2015 年山东省海洋环境状况公报.

山东省海洋与渔业厅. 2017. 2016 年山东省海洋环境状况公报.

山东省海洋与渔业厅. 2017. 2016 年山东渔业统计年鉴.

山东省海洋与渔业厅. 2018. 2017 年山东省海洋环境状况公报.

山东省海洋与渔业厅. 2018. 2017 年山东渔业统计年鉴.

山东省质量技术监督局. DB 37/T 2298—2013 海水增养殖区环境综合评价方法［S］.

石强，陈江麟，李崇德. 2002. 渤海无机氮年际变化分析［J］. 海洋通报，21（2）：22-29.

孙丕喜，王波，张朝晖，等. 2006. 莱州湾海水中营养盐分布与富营养化的关系［J］. 海洋科学进展，24（3）：329-335.

孙萍，李瑞香，李艳，等. 2008. 2005 年夏末渤海网采浮游植物群落结构［J］. 海洋科学进展，26（3）：354-363.

孙维康，周兴华，冯义楷，等. 2018. 山东沿海潮汐的时空特征分析［J］. 海洋技术学报，37（4）：68-75.

孙伟，张守本，杨建森，等. 2017. 小清河口水环境质量评价及主要污染物入海通量研究［J］. 海洋环境科学，36（3）：366-371.

孙湘平. 2016. 中国近海及毗邻海域水文概况［M］. 北京：海洋出版社.

唐启升，张晓雯，叶乃好，等. 2010. 绿潮研究现状与问题［J］. 中国科学基金，1（1）：5-9.

田艳，于定勇，李云路. 2018. 莱州湾围填海工程对海洋环境的累积影响研究［J］. 中国海洋大学学报，48（1）：117-124.

王俊. 2003. 渤海近岸浮游植物种类组成及其数量变动的研究［J］. 海洋水产研究，24（4）：44-50.

王茂剑，马元庆，宋秀凯，等. 2012. 山东近岸海域环境状况及修复［M］. 北京：海洋出版社.

王修林，李克强. 2006. 渤海主要化学污染物海洋环境容量［M］. 北京：科学出版社：45-47.

魏帆. 2019. 1980—2017 年围填海活动影响下的环渤海滨海湿地演变特征［D］. 聊城：聊城大学.

吴斌，宋金明，李学刚. 黄河口大型底栖动物群落结构特征及其与环境因子的耦合分析［J］. 海洋学报，36（4）：62-72.

吴培强，张杰，马毅，等. 2018. 2010—2015 年环渤海海岸线时空变迁监测与分析［J］. 海洋科学进展，36（1）：128-138.

吴桑云，王文海. 2000. 海湾分类系统研究［J］. 海洋学报，22（4）：83-89.

夏斌，张晓理，崔毅，等. 2009. 夏季莱州湾及附近水域理化环境及营养现状评价［J］. 渔业科学进展，30（3）：103-111.

肖纯超，张龙军，杨建强. 2004—2009 年黄河口近岸海域低盐区面积的变化趋势研究［J］. 中国海洋大学学报，42（6）：40-46.

徐元芹，李萍，刘乐军，等. 莱州湾海区沉积物的工程地质特征分析［J］. 海洋科学进展，36（4）：540-549.

杨建强，崔文林，张洪亮，等. 2003. 莱州湾西部海域海洋生态系统健康评价的结构功能指标法［J］. 海洋通报，22（5）：58-63.

杨建强，冷宇，崔文林，等. 2012. 渤海水体环境生物生态调查与研究［M］. 北京：海洋出版社.

叶属峰，刘星，丁德文. 2007. 长江河口海域生态系统健康评价指标体系及其初步评价［J］. 海洋学报（中文版），29（4）：128-136.

于海婷. 2013. 山东近海典型海湾河口渔业资源调查与生物群落结构分析［D］. 青岛：中国海洋大学.

于丽敏，张志锋，林忠胜，等. 2013. 综合因子评判法评价陆源入海排污口排污状况［J］. 海洋环境科学，32（6）：

944-947.

于志刚，米铁柱，谢宝东，等. 2000. 20年来渤海生态环境参数的演化和相互关系［J］. 海洋环境科学，19（1）：15-19.

曾江宁，曾淦宁，黄韦艮，等. 2004. 赤潮影响因素研究进展［J］. 东海海洋，22（2）：40-47.

张继民，刘霜，张琦，等. 2010. 黄河口附近海域浮游植物种群变化［J］. 海洋环境科学，29（6）：834-837.

张娇，张龙军，宫敏娜. 2010. 黄河口及近海表层沉积物中烃类化合物的组成和分布［J］. 海洋学报，32（3）：23-30.

张锦峰，高学鲁，李培苗，等. 2015. 莱州湾西南部海域及其毗邻河流水体营养盐的分布特征及长期变化趋势［J］. 海洋通报，34（2）：222-232.

张龙军，夏斌，桂祖胜，等. 2007. 2005年夏季环渤海16条主要入海河流的污染状况［J］. 环境科学，28（11）：2 409-2 415.

赵玉庭，刘霞，李佳蕙，等. 2016. 2013年莱州湾海域营养盐的平面分布及季节变化规律［J］. 海洋环境科学，35（1）：95-99.

中国海湾志编纂委员会. 1991. 中国海湾志（第三分册）［M］. 北京：海洋出版社.

Ban N C, Alidina H M, Ardron J A. 2010. Cumulative impact mapping: Advances, relevance and limitations to marine management and conservation, using Cananda's Pacific waters as a case study [J]. Marine Policy, 34 (5): 876-886.

Bian C, Jiang W, Pohlmann T, et al. 2016. Hydrography-physical description of the Bohai Sea [J]. Journal of Coastal Research, 74 (1): 1-12.

Birch G F, Evenden D, Teu tsch M E. 1996. Dominance of point source in heavy metal distribution in sediments of a major Sydney estuary (Australian) [J]. Environmental Geology, 28: 169-174.

Borja A, Dauer D M. 2008. Assessing the environmental quality status in estuarine and coastal systems: Comparing methodologies and indices [J]. Ecological Indicators, 8 (4): 331-337.

Bouwman A F, Van Drecht G, Knoop J M, et al. 2005. Exploring changes in river nitrogen export to the world's oceans [J]. Global Biogeochem Cycle, 19: 19-21.

Dahle S, Savinov V M, Matishov G G, et al. 2003. Polycyclic aromatic hydrocarbons (PAHs) in bottom sediments of the Kara Sea shelf, Gulf of Ob and Yenisei Bay [J]. Sci Total Environ, 306: 57-71.

Hiraoka M, Ohno M, Kawaguchi S, et al. 2004. Crossing test among floating Ulva thalli forming "green tide" in Japan [J]. Hydrobiologia, 512: 239-245.

Hisashi Yokoyem. 2003. Environmental quality criteria for fish farms in Japan [J]. Aquaculture, 22: 645-656.

Hu C M, Li D Q, Chen C S, et al. 2010. On the recurrent Ulva prolifera blooms in the Yellow Sea and East China Sea [J]. Journal of Geophysical Research, 115, C05017.

Jin X S, Shan X J, Li X S, et al. 2013. Long-term changes in the fishery ecosystem structure of Laizhou Bay, China. Science China Earth Science, 56 (3): 366-374.

Liu D Y, Keesing J K, Xing Q G, et al. 2009. World's largest macroalgal bloom caused by expansion of seaweed aquaculture in China [J]. Marine Pollution Bulletin, 888-895.

Margalef D R. 1958. Information theory in ecology [J]. General Systems, 3 (1): 36-71.

Matthiessen P, Reed J, Johnson M. 1999. Sources and potential effects of copper and zinc concentrations in the estuarine waters of Essex and Suffolk, United Kingdom [J]. Marine Pollution Bulletin, 38: 908-920.

Nie H T, Tao J H. 2009. Eco-environment status of the Bohai Bay and the impact of coastal exploitation [J]. Marine Science Bulletin, 11 (2): 81-96.

Ning X R, Lin C L, Su J L, et al. 2010. Long-term environmental changes and the responses of the ecosystems in the Bohai Sea during 1960—1996 [J]. Deep-Sea Research Ⅱ, 57: 1 079-1 091.

Pang S J, Liu F, Shan T F, et al. 2010. Tracking the algal origin of the Ulva bloom in the Yellow Sea by a combination of molecular, morphological and physiological analyses [J]. Marine Environment Research, 69 (4): 207-215.

Pelling H E, Uehara K, Green J A M. 2013. The impact of rapid coastline changes and sea level rise on the tides in the Bohai Sea, China [J]. Journal of geophysical research: oceans, 118: 3 462-3 472.

Piehler M F, Swistak J G. 1999. Stimulation of diesel fuel biodegradation by indigenous nitrogen fixing bacterial consortia [J]. Microbiol Ecology, 38 (1): 69-78.

Redfield A C . 1958. The biological control of chemical factors in the environment [J]. Am. Sci. 46: 205-221.

Shen C C, Shi H H, Zheng W, et al. 2016. Study on the cumulative impact of reclamation activities on ecosystem health in coastal waters [J]. Marine Pollution Bulletin, 103: 144-150.

Srinivasa Reddy M, Shaik Basha, Sravan Kumar, et al. 2004. Distribution, enrichment and accumulation of heavy metals in coastal sediments of Alang-Sosiya ship scrapping yard, India [J]. Marine Pollution Bulletin, 48: 1 055-1 059.

Sun S, Wang F, Li C, et al. 2008. Emerging challenges: Massive green algae blooms in the Yellow Sea [J]. Nature Precedings, Sep, 7.

Tang Q, Jin X, Wang J, et al. 2003. Decadal-scale variations of ecosystem productivity and control mechanisms in the Bohai Sea [J]. Fisheries Oceanography, 12 (4/5): 223-233.

Xu F L, Lam K C, Zhao Z Y, et al. 2004. Marine coastal ecosystem health assessment: a case study of the T olo Harbor, Hong Kong, China [J]. Ecological Modeling, 173 (4): 355-370.

Yasser El Sayed Mostafa. 2012. Environmental impacts of dredging and land reclamation at Abu Qir Bay, Egypt [J]. Ain Shams Engineering Journal, 3 (1): 1-15.

Zhang C, Shan B Q, Tang W Z, et al. 2017. Heavy metal concentrations and speciation in riverine sediments and the risks posed in three urban belts in the Haihe Basin [J]. Ecotoxicology & Environmental Safety, 139: 263-271.